anko drill

ドリル

（にゃんこの夜間学校　相関図）

先生たち

ロイ校長（♂）

高貴で気品にあふれるシャム猫。育ちがよく、名前の由来は“ロイヤル”からだとか。実は飼い主さんの前では、超甘えん坊という噂も。

トラ先生（♂）

面倒見がよく、頼れる兄貴キャラの熱血先生。元気いっぱいすぎて、ときどき生徒たちにドン引きされる。

クラスメイト

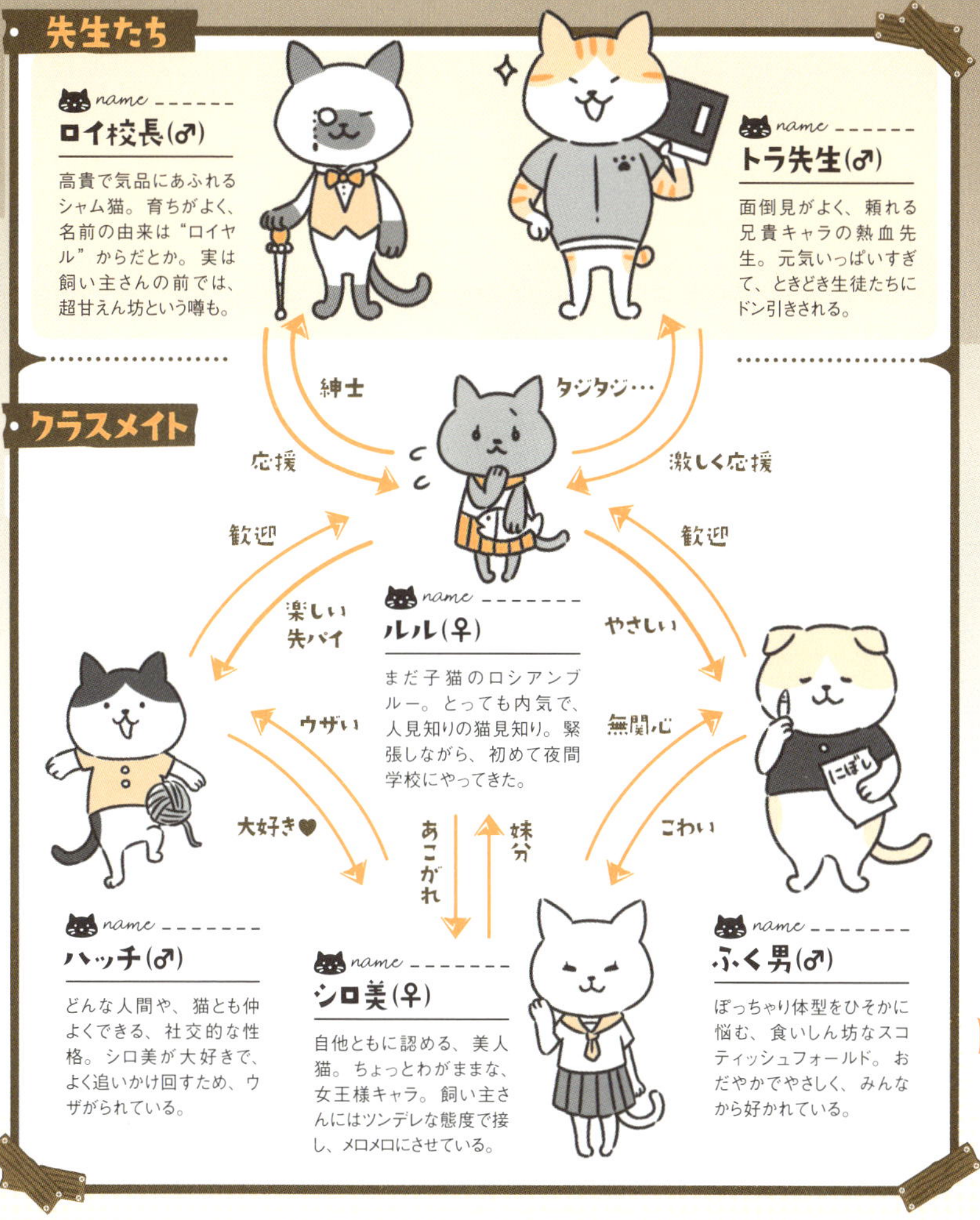

紳士
タジタジ…
応援
激しく応援
歓迎
歓迎
楽しい先パイ
やさしい
ウザい
無関心
大好き♥
こわい
あこがれ
妹分
にぼし

ルル（♀）

まだ子猫のロシアンブルー。とっても内気で、人見知りの猫見知り。緊張しながら、初めて夜間学校にやってきた。

ハッチ（♂）

どんな人間や、猫とも仲よくできる、社交的な性格。シロ美が大好きで、よく追いかけ回すため、ウザがられている。

シロ美（♀）

自他ともに認める、美人猫。ちょっとわがままな、女王様キャラ。飼い主さんにはツンデレな態度で接し、メロメロにさせている。

ふく男（♂）

ぽっちゃり体型をひそかに悩む、食いしん坊なスコティッシュフォールド。おだやかでやさしく、みんなから好かれている。

ここは、にゃんこの夜間学校

オッス！
ずいっ
きみが新入生か？
ニャ!?
ようこそにゃんこの夜間学校へ！
ロイ校長
トラ先生
おーいみんな！新入生がきたぞー！
よろしく！
よろしく
……
ハッチ
にぼし
ふく男
シロ美

みなしゃん
とっても個性的
だなぁー
ねーねー
きみはどんな
遊びが
好き?
ぼくはねー
にぼし
おいしー♡
ルル君
入学祝いの
プレゼント
ですよ

私たちのきもちを知るヒントや知識が詰まったドリルです
ドリル
飼い主さんに渡して解いてもらうんだぜ！
先生……
ぎゅっ
ドリル
アタチ、がんばりましゅっ！
……あれ？先生は？
ロイ先生、帰ったよ
トラ先生は虫を追って行っちゃった
まてー
そう、猫はみな、自由気まま……どうなるルル!?

もくじ

3時間目 にゃんこのきもち

ZZz…

『にゃんこドリル』の使い方

本書の使い方を紹介します。にゃんこについて、
より深く知るためにくり返し問題を解いてみてください。

1
きほん
ねこは基本的に□□□です
答え合わせ
自己中
かわいいと答えたくなる？ そうでしょう。そうでしょう。気持ちはうれしいですが、答えは自己中。自己中でもかわいい？ そうでしょう。
あの…通り道…
でーん
甘えたいときに甘え、気分がのらないときに触られたら容赦なく怒る。飼い主さんの言うこと？ もちろん聞きません。それがねこ。
でもそれは当然のこと。だってねこは本来単独で生活する動物だから。野生のねこは性成熟を迎えるころになると、ひとりで生活するようになります。ひとりなら誰に気を使う必要があるでしょう。むしろ気を使おうものなら、ケンカで負けるか飢え死にするか、身の破滅あるのみ。自己中、それはねこが生き延びるための手段なのです。
20

ステップ1

穴埋め問題にチャレンジ！

本書は穴埋め形式のクイズ問題になっています。マスの数は、模範解答の文字数。そこを意識して、解答しましょう。

ステップ2

解答をチェックしよう！

クイズの模範解答は、こちら。シャム猫のロイ校長による、気品あふれるお言葉で、添削していただきます。

ステップ3

解説で理解を深めよう

問題にまつわる、くわしい解説コーナーです。不正解した方も、正解した方も、ぜひご一読を！

さらにくわしく学びたい飼い主さんは…

補習授業
もっと知りたい
ねこの誕生から成長まで

補習授業

「ねこをもっと知りたい！」という、勉強熱心な飼い主さん向けの授業です。にゃんこマスターを目指すなら必読！

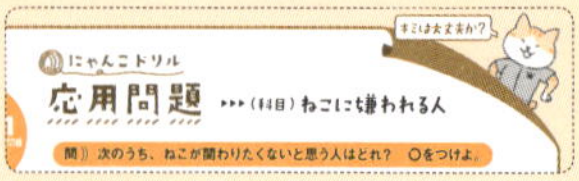
キミは大丈夫か？
にゃんこドリル
応用問題
（1科目）ねこに嫌われる人
問》次のうち、ねこが関わりたくないと思う人はどれ？ ○をつけよ。

応用問題

飼い主さんに、ぜひ解答していただきたい実力テストです。にゃんこの気持ちになって、解いてみてください。

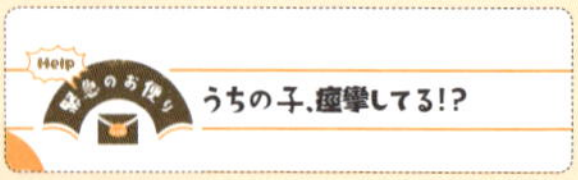
Help
緊急のお便り
うちの子、痙攣してる!?

緊急のお便り

悩める飼い主さんから、"にゃんこの夜間学校"に届いたお便りと解決策をご紹介。お悩みがある方はぜひ！

KIHON

にゃんこのきほん

NYANKO DRILL

1時間目

ねこは好きかー！　ねこともっと仲よくなりたいかー！
……そんな飼い主さんたちにおくる、
ねこの基礎知識14問です。

にゃんこって、どんな生きもの？

えーんっ……
わーっ
ごめん ごめん
あ～ 泣かせた～
ZZZ
にぼし
じゃあ、まずは私たちがどんな生きものなのかを学びましょう
……はい
ZZZ
あれ？
トラ先生は？
今度は、ネズミを追いかけて行っちゃった
うお～まて～

1 きほん

ねこは基本的に□□□です

答え合わせ

自己中

かわいいと答えたくなる？　そうでしょう。そうでしょう。気持ちはうれしいですが、答えは自己中。自己中でもかわいい？　そうでしょう。

甘えたいときに甘え、気分がのらないときに触られたら容赦なく怒る。飼い主さんの言うこと？　もちろん聞きません。それがねこ。

でもそれは当然のこと。だってねこは本来単独で生活する動物だから。野生のねこは性成熟を迎えるころになると、ひとりで生活するようになります。ひとりなら誰に気を使う必要があるでしょう。むしろ気を使おうものなら、ケンカで負けるか飢え死にするか、身の破滅あるのみ。自己中、それはねこが生き延びるための手段なのです。

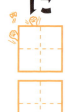

2 きほん

□□□□意識がハンパない

答え合わせ

なわばり

なわばり、言葉を変えてテリトリーでも正解。仲間と答えた方、前の問題を理解していませんね。プロと答えた方、いったいなんのプロ……？

野生のねこが単独行動をするのは、獲物を確保するため。みんなで同じ場所にいたら、あっという間に獲物は不足してしまいます。だからねこは狩り場が被らないよう、なわばりを少しずつずらして生活します。とはいえ、なわばり争いは日常茶飯事。みんないい土地を確保すべく必死です。

自分のなわばりは死守したい！　その気持ちは、たとえ飼い猫になっても消えません。だから自分の家に見知らぬにおいがすると敏感に反応し、マーキングにいそしむのです。

3 きほん

ねこは□□でほぼおとな

答え合わせ

1歳

この問題は皆さん、わかったのではないでしょうか。性成熟が早いねこもいますので、生後4か月から1歳までならほぼ正解。

ねこは早くて生後4か月、遅くとも1歳には性成熟します。だから1歳は立派なおとなで、子どもをつくることもできます。

おとな（発情期）のサインはとてもわかりやすく、メスはいつもとは違う大きな声で鳴いたり、いろいろな場所にオシッコをしたりして、自分の存在をアピールします。これに対し、オスは、大声で鳴いて応えたり、他のオス猫を近づけないようオシッコでなわばりを主張したり……。そう、発情は鳴き声とオシッコ合戦。繁殖予定がないなら早めの避妊・去勢がおすすめです。

補習授業 もっと知りたい

ねこの誕生から成長まで

よく年齢不詳って言われるけど、ねこって人の5倍くらいの早さで歳をとっているとか。成長スピードも人と違うから、お勉強しておいてくだいね。

テーマ ねこはいつからおとなでいつからお年より？

ねこ	人間
1か月	1歳
3か月	5歳
6か月	10歳
1歳	18歳
3歳	30歳
4歳	37歳
5歳	44歳
6歳	51歳
10歳	80歳
12歳	83歳
14歳	84歳
16歳	89歳
18歳	92歳
20歳	95歳
22歳	98歳
24歳	100歳
25歳	101歳
26歳	104歳
28歳	107歳
30歳	110歳
32歳	113歳
34歳	116歳

若いときに急成長する

未熟なこどもは敵に狙われやすいので、野生動物ほどおとなになるのが早いといいます。ねこも誕生して最初の1年は急スピードで成長。ねこの1歳は人間の18歳くらいになります。1年で立派な青年です。

ねこの平均寿命

3歳くらいまでが活発な青年期。10歳くらいまでは1年で人の7歳ぶん歳をとるそう。7歳くらいでシニア期に突入し、体力が落ちてきます。10歳以降は、ゆるやかに老いていきます。飼い猫の平均寿命は12歳くらいといわれますが、最近は長生きの傾向。

まとめ ねこはおよそ1歳からおとな。7歳くらいから体力が低下しはじめて、10歳になれば立派なお年よりといえるでしょう。

4 きほん

ねこはとっても□□□好き

答え合わせ

きれい

これはちょっと難しかったかもしれませんね。
答えはきれい。清潔でもOKです。ごはん？
間違ってはいませんが個体差があるので……。

ひと眠りした後や、ごはんを食べた後、時間があればナメナメ、カキカキ。ねこは自分で毛づくろいをし、被毛をフカフカに保ちます。また、汚れたトイレには入ろうとしません。

　ねこがこんなにきれい好きなのは、野生時代に培われた習性。被毛はお手入れしないとあっという間に細菌が繁殖してしまうし、くさいにおいを放っていては獲物にも逃げられてしまいます。また、体中にヒゲと同じ感覚毛が生えているので、感覚を研ぎ澄ますためにも常にきれいにしておく必要があるのです。

5 きほん

□になると血が騒ぐ！

答え合わせ

夜

血が騒ぐ＝体を動かしたくてウズウズしちゃうということ。となると、思い出されるのは夜の運動会ですね。答えは「夜」一択です！

ねこは本来、夜行性の動物。人とくらすようになり、飼い主さんと同じような生活リズムで過ごすねこも多くなりました。それでも遺伝子に組み込まれた生活リズムはそうそう忘れられるものではありません。だから、時々、思い出したように夜中の大ハッスルが始まるのです。

暴れたくなるのは〝狩りがしたい欲求〟の表れ。野生時代、格好の狩りタイムといえば夜。だから、ごはんが十分にもらえる環境でも、「狩りをしなきゃ！」という無意識の指令が体を突き動かすのでしょう。

6 きほん

睡眠時間は1日約□□時間

答え合わせ

14

14～17の間なら正解です。20時間と答えたあなた、さすがに起きているのが4時間だけなんて……。そんな日もあるかも⁉　△です！

1日中寝ている印象のねこ。その印象、間違っていませんよ。**生活環境や個体によって多少の差はありますが、1日の60％以上は睡眠に充てています。**

動物の睡眠時間は食事に影響されます。草食動物の場合、必要な栄養をとるには食事時間が長い分睡眠時間は短いもの。一方、ねこのような肉食動物は、エネルギー量の高い肉を食べるため食事時間はわずか。空いた時間は、狩りをするための体力を温存するため、寝て過ごします。でも、敵の襲来に備え、ほぼ浅い眠りなのですよ。

Help 緊急のお便り

うちの子、痙攣してる!?

飼い主のAさん

た、大変だ！　トラが寝ながらピクピクしている!?　いつからだ……？　くそぅ、すぐに気づけないとは……。待ってろトラ、すぐ病院へ行こう！

待って！　それは眠りが浅いだけニャのです！

ロイ校長

お答え

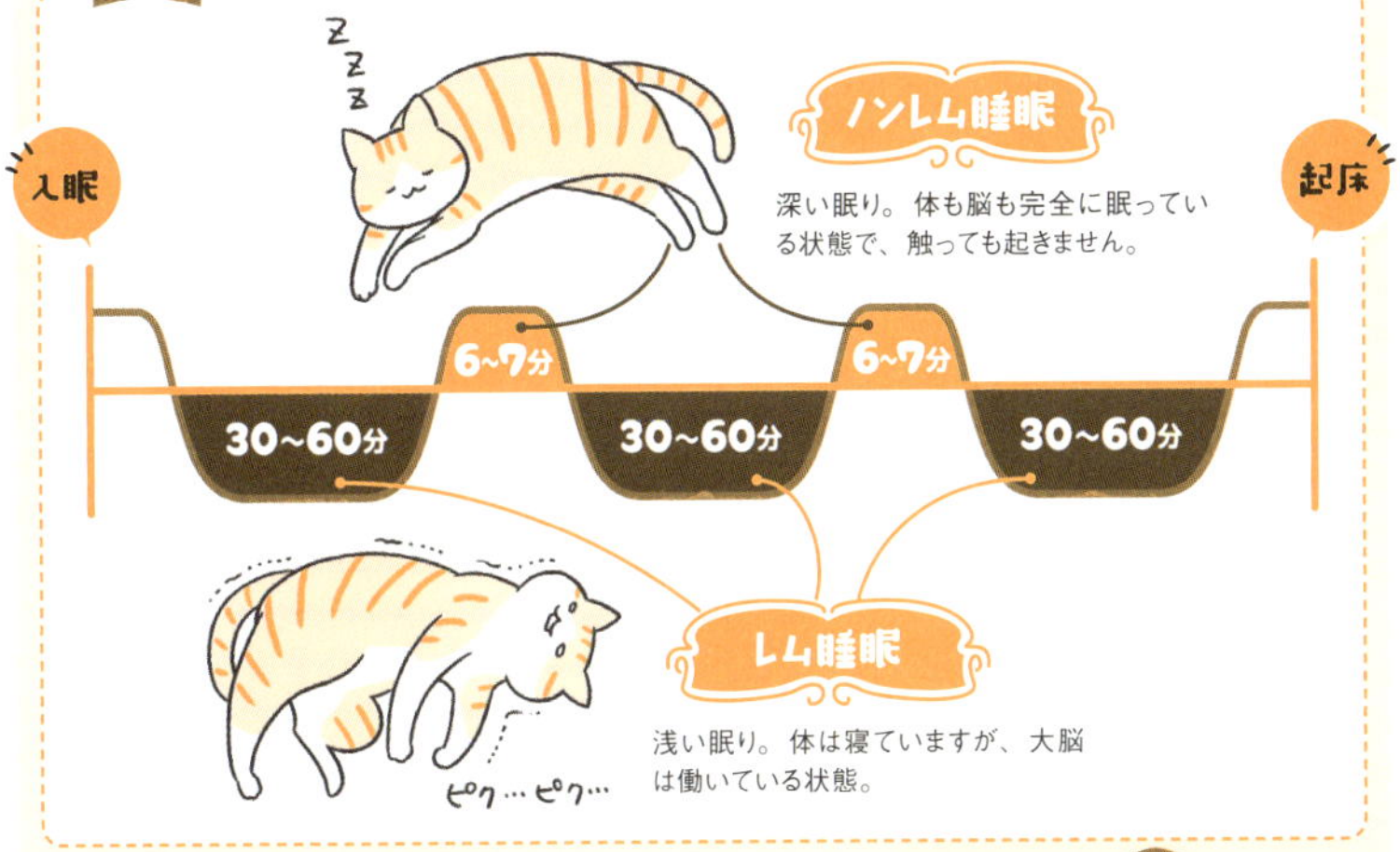
Z Z Z
入眠
ノンレム睡眠
深い眠り。体も脳も完全に眠っている状態で、触っても起きません。
起床
6~7分
6~7分
30~60分
30~60分
30~60分
レム睡眠
浅い眠り。体は寝ていますが、大脳は働いている状態。
ピク…ピク…

痙攣する病気もあるので心配なのはわかりますが、落ち着いて。寝ているときの痙攣は病気とは関係なく、浅い眠りのときの生理現象。ねこも人と同様に深い眠りと浅い眠りを繰りかえしますが、ほとんどが浅い眠りです。浅いときは寝言を言ったりピクピク動いたりします。

んあ？　なんだ？
ピクピクして怖かった？
大丈夫、いい夢見ていただけだ～。
もう少し寝ようムニャ……。

□があったら入らずにはいられない

答え合わせ

穴

実はこの答えはたくさんあります。箱、袋、カゴもOK。鍋に入るねこもいますね。もちろん、これも正解です。

ねこが引き寄せられる箱や袋、その共通点は穴。そう、ねこは「穴があったら入りたい」を忠実に実行する動物です。

もちろん、恥ずかしいから入るわけではありません。**穴は野生時代にねこが寝床にしていた場所。狭ければ狭いほど体がすっぽり守られるので安心できるのです**。野生時代は、こうした安全な寝床を何か所も確保していました。その名残で今も穴を見つけると「ちょっと具合を拝見」と居心地チェックをせずにはいられないのです。お気に召せば隠れ場として登録完了です。

8 きほん

□□□□□にも入らずにはいられない

答え合わせ

囲った場所

右の問題の応用です。テープやひもでつくった輪でも正解。ねこ転送装置と答えた方は、なかなかのねこ通ですね！　もちろん正解です。

床にテープやひもで輪をつくると、あら不思議！　輪の中にねこが入ってくるではありませんか。これがネット上で話題となった〝ねこ転送装置〟です。

実はこれ、穴を見つけたらチェックせずにはいられない心理と同じだと考えられます。

「何か穴っぽいものがある」→「ちょっと確認してみるか」→「危険じゃなさそう。座ってみっか」といった流れで、気づけば輪の中にインしているというわけ。好奇心が強いねこほど、囲った場所に引き寄せられてしまうようです。

9

きほん

ねこは□性が好き!?

答え合わせ

女

男性の方、納得いかないかもしれませんが、あくまでも一般的に女性的な性質を好むということですのでお許しを。

ねこが女性を好む傾向があるのは確かです。しかし、見た目や性別で判断しているわけではありません。ねこが気にしているのは、「安全かどうか」。つまり、ねこにとって安全と思える人が、ねこに好かれるのです。

物腰が柔らかく、危害を加えそうもない静かな人が好まれます。逆に、うるさい人や威圧感のある人は苦手。耳がいいので大きい声や低い声も勘弁です。

ただ、育った環境によって好みも左右されるので、小さいころからいろいろな人に慣れていれば、苦手意識もなくなるかも。

にゃんこドリル

応用問題 ▸▸▸（科目）ねこに嫌われる人

問》次のうち、ねこが関わりたくないと思う人はどれ？　○をつけよ。

○ 香水をつけている

強い香りはちょっと… POINT

嗅覚が鋭いねこ。人がふんわり感じる程度の香りでも、ねこにとってはきっつ〜いにおいに感じるもの。とくに柑橘系のにおいは苦手なので近づきたくもありません。

○ 声が大きい

大きな声は怖いって！ POINT

聴覚も鋭いねこ。大きな声はうるさいうえに、威嚇されているようで怖いのです。もちろん好きじゃないので、近づきたくないどころか、逃げたいくらいです。

○ せわしなく動く

突然動くとドキドキしちゃう POINT

ときめいているわけではありません。急に動かれると「敵がきた!?」と思いびっくりするのです。野生では「突然動くもの」は、襲ってくる敵しかいませんから。

× おもちゃで遊ぶ

むしろ喜んで！ POINT

遊んでくれる人は大好き。ただおもちゃにつられているだけの場合もありますが。でも、香水をつけた人が大声でおもちゃを振り回していたら……逃げるかも。

△ ねこのあとをつける

「きて」って思ったときだけでいい POINT

ねこから「ついてこい」と誘う（124ページ）場合もありますが、ストーカーされるのはあまり好きではありません。とくに知らない人の場合は緊張感がはんぱない。

◎ 子ども

すべての条件を満たす存在 POINT

大きな声に予測不能な行動（そして手加減なし）。ねこが関わりたくない人No. 1です。でも、幼いころから子どものいる環境で育てば馴れて仲よくなることも。

10

きほん

人の□歳児くらいの知能はある

答え合わせ

1

「そんなに？」と思った人、能あるねこは知能を隠すのですよ。「それだけ？」と思った人、隠しているので1歳児以上かも。 2歳児も○。

知能を知るひとつの目安となるのが、体重に対する脳重量の割合を示した「脳化指数」。その数字を見ると、猫は0・12、犬は0・14、馬は0・10。つまりねこは犬より少し下で馬より少し上の知能を持つことに。

でも、実際にねこがどこまで理解しているのか、ねこの知能に関する研究はほとんど進んでいないそうです。それもそのはず。ねこは気まぐれですし、動物には得意不得意分野があります。ねこは短期記憶力や三次元空間の理解に長けており、その能力は人間より上かも⁉

きほん 11

ねこの祖先は

答え合わせ

リビアヤマネコ

もしや、ミアキスと答えた方もいる⁉　それは肉食哺乳類の祖先です。確かにねこの祖先でもありますが、ちょっとさかのぼりすぎですよ。

リビアヤマネコは、半砂漠地帯に生息するヤマネコ。実は、先祖代々森で暮らしてきたネコ科の先輩たちを尻目に、砂漠という新天地に出てきたネコ科のパイオニアなのです。

　ネズミなどの小動物を獲物にしていたリビアヤマネコは、西アジアで家畜として飼われるようになりました。これが現在のねこ（イエネコ）の始まりだといわれています。暑さに強かったり、水を少ししか飲まなかったり、なるほど、砂漠出身ならではの特徴が今も残っているのですね。

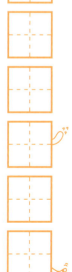

きほん 12

ねこの毛柄の元祖は□□□□

答え合わせ

キジトラ

ねこの毛柄については皆さんいろいろとお好みがあるようですが、茶色と黒の縞模様のキジトラは由緒正しき模様なのですよ。

イエネコの祖先、リビアヤマネコと同様に、もともとねこの毛柄はキジトラしかいませんでした。なぜなら保護色だから。砂漠で生きていくにはキジトラ模様が身を隠すのにピッタリでした。

　模様が多様化したのは、人に飼われるようになってから。近親交配や突然変異で白いブチが出ると、人間が珍しいその遺伝子を残そうとし、あっという間に様々な柄が誕生しました。ちなみに、色柄を決定する遺伝子の中で一番優勢なのは、自然界で一番目立つ白。もう自然界には戻れませんね……。

13 きほん

三毛猫の□□はめったにいない

答え合わせ

オス

けっこう有名な話なので簡単ですよね。答えはオス。三毛猫のメスはごろごろいます。えっ、おとな⁉ 三毛猫は短命ではありませんよ〜。

日本猫の代表といえば、茶、黒、白の3色の三毛猫。古くから日本にいたねこと中国やタイのねことの混血が進み、江戸時代には誕生していたそう。

オスが少ないのは、毛色を決める遺伝子に関係しています。三毛猫になるには、毛色を茶にする遺伝子と黒にする遺伝子が必要ですが、オスは基本的にどちらかの遺伝子しかもつことができません。だから、まれに生まれる三毛猫のオスは、染色体異常で生まれた突然変異のねこということに。その割合は3万匹に1匹程度なんだとか。

14

きほん

長毛種は□□□□で生まれた

答え合わせ

突然変異

アメリカとかイギリスとか、つい場所を答えたくなるでしょうが×。ここではもっと突っ込んで突然変異と答えてほしいところです。

短毛、長毛、巻き毛、今はねこの毛の種類もさまざまですが、最初は短毛しかいませんでした。ねこは半砂漠に住んでいたのです。長毛では生きていけません。

では、長毛種はいつからいたのでしょうか？　実は正確な起源はわかっていません。ただ、ねこが世界各地に広まると突然変異で毛の長いねこが誕生、これに人の手が加わったり、また寒い地域に対応して長い毛が定着したりという考えが有力です。

一説では、トルコ原産のターキッシュアンゴラがすべての長毛種の祖だといわれています。

補習授業
もっと知りたい

短毛種、長毛種について

ねこにも品種がありますが、品種による性格の違いは犬ほどないんですよ。だからざっくり知っていただければOK！

テーマ 短毛種と長毛種、性格の違いってあるの？

短毛種は人なつっこく活発

もともとねこは短毛の動物。つまり、短毛種のほうがより原始的で野生に近いということです。だから、体は筋肉質で引き締まっているし、元気で活発に動き回る子が多いのです。また、健康で遊び好きだからでしょうか、人なつっこい傾向も。

おもな種類 ロシアンブルー、シャム、アビシニアンなど

長毛種はおとなしい

長毛種は、基本的に人が交配してつくられた種。長毛はしっかりお手入れしないと皮膚病になってしまうため、人にあれこれケアされてきたからか、温和でおとなしい気質。おっとりと、上品な雰囲気のねこが多いのが特徴です。

おもな種類 ペルシャ、メインクーン、ノルウェージャンフォレストキャットなど

まとめ 短毛種は活発、長毛種はおっとりの傾向がある。でも育ち方で性質は変わるし、短毛種も長毛種もねこはみんな魅力的！

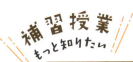

ねこの絵ずかん①

おもな毛柄編

ミックス（雑種）の魅力は個性的な毛柄。ここでは代表的な毛柄を紹介します。みんなちがってみんないい〜♪

三毛

白、黒、茶の３色の毛をもつ三毛は日本が原産国。オスは３万匹に１匹しかいないといわれるほど希少で、昔から縁起がいいともてはやされてきました。

ハチワレ

文字通り、顔の模様が八の字に割れているのがハチワレ。黒×白のタイプが多いですが、茶トラでも三毛でも、顔の模様が八の字にわかれていれば、ハチワレ。

くつした

足元が白く、くつしたをはいたような柄。ニーハイから足袋、片方だけなど、柄のパターンはいろいろ。ただし、ねこの柄は上からつくため、柄のくつしたはありません。

(キジ白)

キジトラ

砂漠で生きていたころから受け継ぐ、もっともクラシカルな柄。黒と茶の縞模様は、砂漠の中で身を隠すのに適した柄だったのです。キジ白は、キジトラ柄に白が混じったものを指します。

Kijitora

(茶白)

茶トラ

明るいオレンジ色の縞模様。そこに少し白が入ったものを茶白、白の割合いが多いものを白茶と呼びます。茶トラはメスが少なく、8割がオス。

Chatora

(サバ白)

サバトラ

グレーと黒の縞模様がサバトラ。アメリカンショートヘアの模様と似ていますが、サバトラは細い縞模様、アメリカンショートヘアは太い渦巻模様という違いが。

Sabatora

(白･黒･グレー)

単色

自然の中では目立ちすぎてしまう真っ黒や真っ白は、突然変異で生まれやすい毛色。毛色を薄くする遺伝子が加わると、グレーになります。

Kuro
Shiro
Gray

ねこの絵ずかん②

おもな品種編

現在、ねこの純血種の数は100種前後にもなりますが、中でも日本でおなじみ＆人気の品種をご紹介します。

(短毛)(長毛)

スコティッシュフォールド

垂れ耳が特徴。子どものころは立ち耳ですが、生後１か月くらいで垂れ耳に。丸い顔と丸い目がかわいらしく人気です。

原産国	イギリス
大きさ	3～5kg
性格	温和で子どもや他動物との相性も○。

(長毛)

ペルシャ

毛色や模様の種類が豊富で、チンチラやヒマラヤンなどの品種もペルシャの一種。豊かな被毛と潰れた鼻が特徴。

原産国	イギリス
大きさ	3～5.5kg
性格	物静かで従順。動きも落ち着いていて品のある性質。

（短毛）（長毛）

マンチカン

長い胴体に短い足、チョコチョコ走る姿がかわいいマンチカン。足が短くても、ジャンプや木登りも得意で遊び好きです。

原産国	アメリカ
大きさ	3～5kg
性格	陽気で好奇心が強く、外向的。

（短毛）

ロシアンブルー

ブルーグレーのシルクのような被毛とグリーンの瞳が美しいねこ。微笑んでいるような顔立ちは、「ロシアン・スマイル」と呼ばれています。

原産国	ロシア
大きさ	3～5kg
性格	内気で物静か。めったに大きな声を出しません。

（長毛）

メインクーン

アメリカで自然発生したというメインクーンは、大型で筋肉質。胸としっぽの被毛はとくにふさふさでゴージャスな雰囲気も人気です。

原産国	アメリカ
大きさ	3～10kg
性格	穏やかですが、好奇心は強く賢くて外向的。

（長毛）

ノルウェージャンフォレストキャット

ノルウェーの厳しい寒さから身を守るための被毛はとても厚くゴージャス。後ろ足が長いためピョコッと上がったお尻もキュート。

原産国	ノルウェー
大きさ	3.5～6.5kg
性格	落ち着いた性格ですが、動きは俊敏。

Norwegian Forest Cat

Siamese

（短毛）

シャム

耳や鼻先、足、しっぽなど体の末端に表れるポイントカラーが特徴。細見の体がエレガントな雰囲気を醸しますが、機敏で活発に動きます。

原産国	タイ
大きさ	3～4kg
性格	明るく、感受性が強い。甘えん坊で少しわがままな面も。

（短毛）

シンガプーラ

純血種の中ではいちばん小さいねこ。１本の毛に複数の色の帯が入っているため、動くたびに被毛が美しくきらめきます。

原産国	シンガポール
大きさ	2～3.5kg
性格	物静かですが、好奇心が強く甘えん坊

Singapura

KARADA

にゃんこのからだ

NYANKO DRILL

2時間目

丸くてふわふわで、かわい〜い、あのフォルム……。
16問の穴埋め問題で、あの愛しいからだの
真相に迫りましょう！

にゃんこと飼い主さんってちがうの？

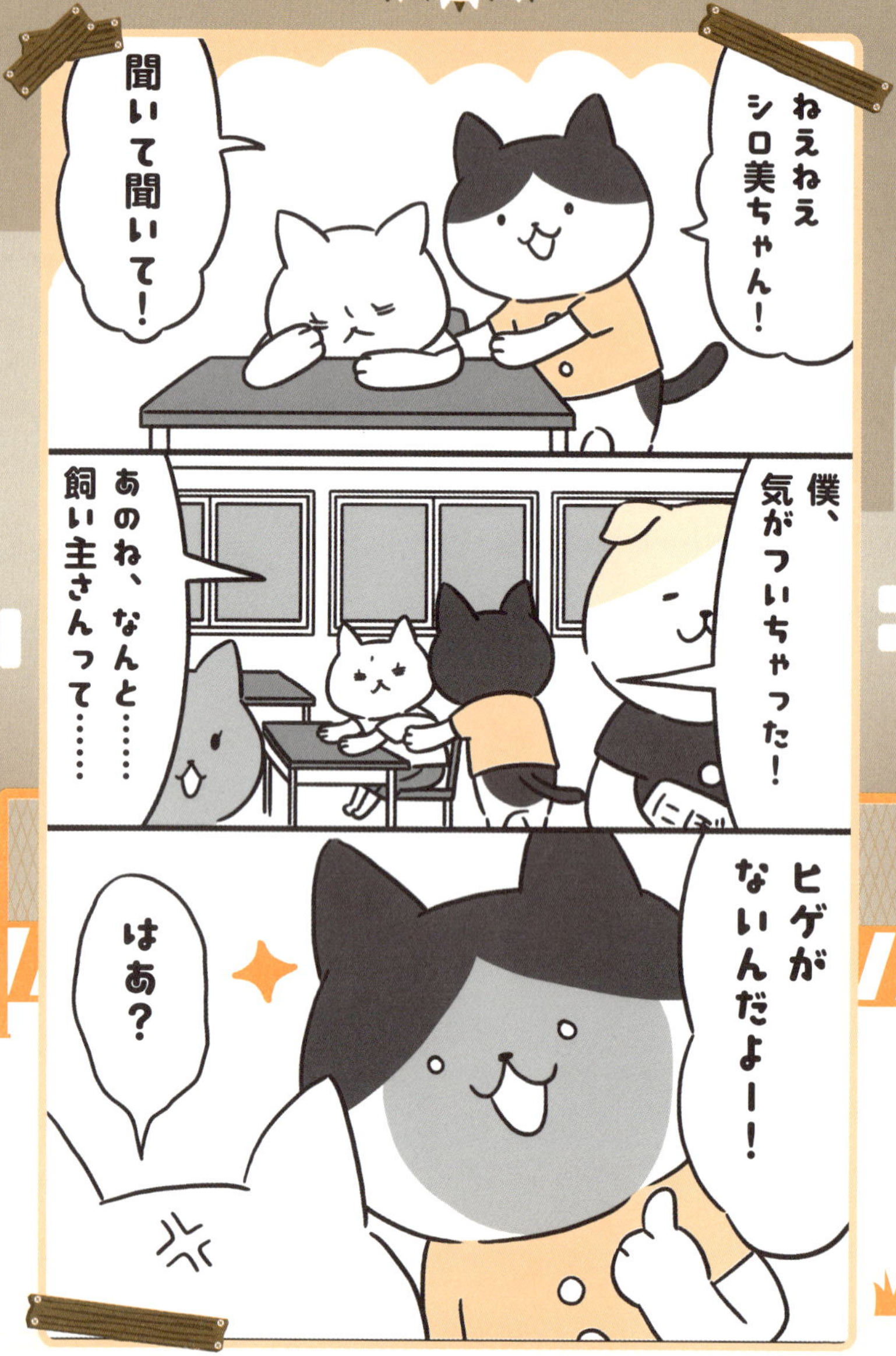

確かに！しっぽもないでしゅ！
爪とぎもしないよねー
フフフ……みなさん、よく気がつきましたね
にぼし
でも、大事なことを忘れています
ズバリ……！飼い主さんの膝の上は、とっても気持ちいいんです！
ロイ校長……、実は甘えん坊……？

からだ 1

ねこの体は□□□□仕様

答え合わせ

ハンター

ぬいぐるみ仕様⁉　うん、あなたの愛情は痛いほど伝わりました。でも、わたしたちの本質をきちんと見てください。ハンター、肉食です。

丸い顔にもふもふの柔らかい体、ぷにぷにの肉球、軽い身のこなし。どこをとってもかわいい姿に忘れそうになりますが、**ねこは肉食動物。ネコ科動物は肉食動物の中でもっとも進化した生粋のハンターなのです。**

獲物をしとめるために驚くほど大きく開くあご（しかも口の中には鋭い犬歯がキラリ☆）、木に登ったり狭い場所をすり抜けられる柔軟な体、足音を立てずに忍び寄れる肉球、獲物に一気に飛びかかることができる瞬発力。どこをとってもハンターの姿なのですよ。

補習授業 もっと知りたい

ねこの体について

ねこの体がハンター仕様というのは、骨格を見れば一目瞭然……とはいかないと思いますので、わたしたちの骨の特徴について説明しましょう。

テーマ 》 どうしてしなやかに動けるの？

鎖骨

鎖骨は筋肉と腱で固定されているだけで、どこの骨ともつながっていません。だから前脚の可動域が広く、究極のなで肩が実現。狭いところもスルリと通り抜けられます。

手首

人間の手首にあたる部分、前足の手根骨の関節は複雑な構造で柔軟にできています。そのため、獲物を捕らえたり、狭い足場でも機敏に動くことができます。

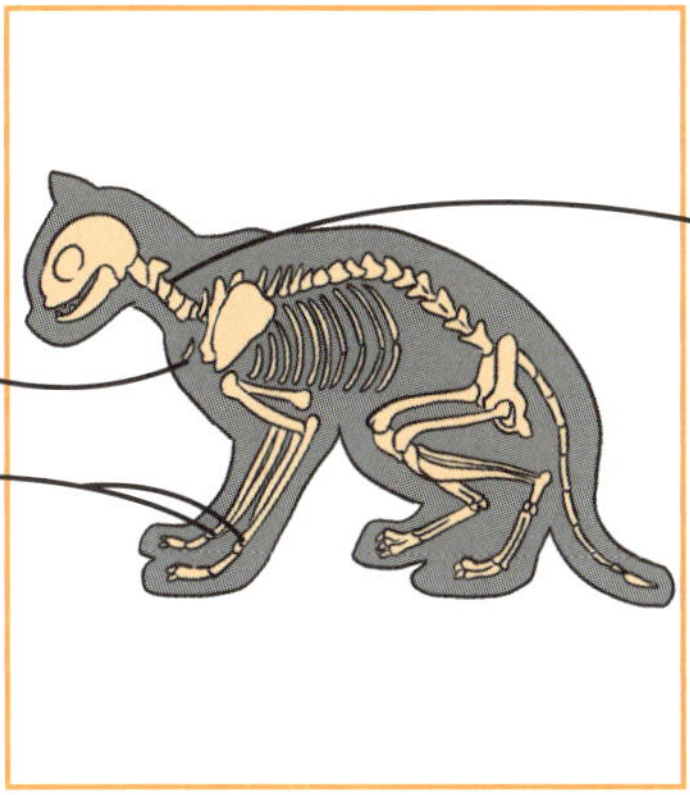

※略図

背骨

背骨は短い円柱状の骨（椎骨）が連なり、骨の間の結合も柔らかいため、柔軟に動けます。背中を丸め一気に伸ばすことで背骨がバネの働きをし、瞬発力が生まれます。

高いところからおちても大丈夫!?

高い戸棚や冷蔵庫の上からピョンッと飛び降りるねこ。足が痛くないのかと心配になりますが、問題ありません。背骨や手首の柔軟な関節がクッションの役割をし、獲物に飛びついたときや高いところから降りたときの衝撃も吸収してくれます。

まとめ　骨と骨の結合がとても柔らかいので、人ならありえないポーズも可能。また関節がバネの役割をし、高いジャンプ&着地ができる。

ねこの体は驚くほど□□□

答え合わせ

伸びる

柔らかいも○にしちゃいましょうか！　柔らかい、ということは……？　そう！　つまり伸びるということです！

伸びをしている姿を見て、「うちのコ、こんな長かったっけ？」と思ったことのある飼い主さんも多いのではないでしょうか。

実は通常時の1・3倍くらい長く伸びることができるのだとか。これは骨と骨を繋ぐ関節が、人よりもずっと柔軟だから。普段0・5㎝くらいの関節が伸ばすと1㎝になることも。ねこの骨は人より40本ほど多いので、そのぶん関節も多いということ。ゴムのように伸びるわけですね。

この柔軟性と発達した後ろ脚がバネのような働きをし、驚きの跳躍力を可能にしています。

ねこと□□□□の体はほぼ同じつくり

答え合わせ

ライオン

トラ、ジャガー、ヒョウ、チーターなども正解。ネコ科の動物はみな正解ってこと。イラストを見て、「人間」なんて答えた方はいませんね？

ねこもライオンも（トラもヒョウもチーターも……）同じネコ科の動物。ライオンは大型ネコ類、ねこは小型ネコ類、体格差こそかなりありますが、体のつくりはほぼ一緒。**生きている動物を捕食するのに適した体をしています。**

ネコ科の動物の狩りは、「**待ち伏せ、忍び寄りの奇襲型**」。そのため46ページであげたようなハンター的特徴が同じなのはもちろん、肉の消化に適した内臓であるのも同じ。睡眠時間が長いのも、毛づくろいや爪とぎに余念がないのも同じです。

□□なら犬を超える！

答え合わせ

聴力

犬もすばらしい動物。忠実さや嗅覚ではかないません。でもかわいさなら……。いやいや、ねこの自慢は聴力です！

野生のねこは暗闇の中で獲物を探すので、感覚器がとても発達しています。中でも、もっとも優れているのが聴覚です。

聞き取れる音の範囲は、犬が約4万ヘルツなのに対し、ねこは約6万ヘルツ（ちなみに人は2万ヘルツ）。しかも、ねこの耳は左右別々に180度回転可能。パラボラアンテナのように音のする方へ耳を向け、音源をとらえることができます。約20m先のネズミの声まで察知できるというから驚きですね。ちなみに犬にしか聞こえないといわれる犬笛、ねこにも聞こえていますよ。

視力は悪いけど□□視力はいい

動体

少し難しかったでしょうか？　動体視力もいいですが、夜目も利きますよ。でも、暗い場所で見える能力って、なに視力というの？

鋭い眼差しのねこ。視力もよさそうなイメージですが、実は人の10分の1程度しかなく、飼い主さんの顔もぼんやりとしか見えていないでしょう。残念。

でも、ねこ的には何の不自由もありません。だって本来の活動時間は夜ですから、ものをはっきり見る力はそんなに必要ないのです。そのかわり、ななめ後ろまで見える広い視野と、抜群の動体視力で、動くものを即座にとらえる能力に長けています。また、瞳孔を大きくすることで光の感度を高めることができ、暗い場所でもよく見えます。

ねこの□□は敏感だけど熱には鈍感

答え合わせ

ヒゲ

ヒゲの別名、感覚毛や触毛でも正解。同じ読み方でも植毛は×ですよ。肌や皮膚も熱に鈍感なほうですが、ヒゲほどではないので△です。

ねこのヒゲこと、感覚毛は、口の両側に24本、他にも目の上や横、あごに数本、体中には1～4㎠に1本くらいの割合で生えています。感覚毛の根元には神経が集中しているため、感覚毛に何かが触れれば敏感に察知。0・2gの重さ、0・000005㎜の動きも感じ取れます。

ところが熱には驚くほど鈍感。それは感覚毛自体には神経が通っていないから。ストーブの側でヒゲが焦げていても熱さは感じないのです。体も被毛があるため熱を感じにくく、50度で「熱っ?」と感じるくらいです。

補習授業
もっと知りたい

ヒゲの役割ってなに？

ヒゲは敏感なので、センサーといわれますが、実際、どんなことに役立てているのか知っていますか？　実は「NO ヒゲ、NO LIFE.」ってくらい大切なんですよ。

テーマ 》 ヒゲは、どんなときに使っているの？

円を描くように生えるヒゲ

まず、ヒゲの生え方に注目してみましょう。よーく見てみると、イラストのように、顔の周りに円を描くように生えています。これは障害物から顔を守る役割をしているためです。ねこは視力がよくないため、近くの障害物との距離感はヒゲを頼りにしています。例えば、目の上のヒゲに何かが触れれば反射的に目を閉じます。獲物が死んだかどうかも、ヒゲから伝わる振動で判断するそうです。

ヒゲはモノサシ替わり

ヒゲの先端を結んだ円は、そのねこが通れる範囲でもあります。ねこは狭い場所を通るときも、ヒゲをモノサシ替わりにして、通れるかどうかを判断しているのです。

まとめ　視力の悪いねこにとってヒゲは、第二の目、もしくはまわりを探る手のような役割をしている。ヒゲがないと周囲の状況をうまく把握できない。

からだ 7

ねこは□味を感じない

答え合わせ

甘

大ヒントとして「味」とあるのですから、何味かを答えればOK。答えは甘味ですが、肉の甘さは少し感じています。肉食ですから。

「え!?　うちの子はあんこや生クリームが好きだけど!?」という方、人の食べ物はあたえないほうが……ということは置いておいて、ねこが感じないのは、砂糖など糖分の甘さです。あんこや生クリームは、タンパク質の甘さに反応しているのでしょう。

　ねこはタンパク質を構成するアミノ酸の甘さには敏感です。だって、肉＝タンパク質＝アミノ酸ですから。腐ったものを食べないよう、酸味や苦味にも敏感。柑橘系のにおいが苦手なのも同じ理由ですね。ちなみに塩味は感じにくいようです。

8 からだ

汗をかく場所は□□と□のみ

答え合わせ

肉球/鼻

2文字と1文字の体の部位といえば、お腹、背中、脇、顔、いろいろありますね。でも全部不正解。皮膚が出ているところと覚えて。

寒いときは温かい場所で保温、暑いときは涼しい場所で体を伸ばして放熱。ねこの体温調節法はとてもわかりやすいもの。人のように汗で体温調節することはありません。唯一、**肉球と鼻だけは汗をかきます**が、暑くて汗をかくわけではありません。

肉球は緊張したときに汗が出ます。濡れた肉球は、高い場所へ逃げたいときに滑り止めとして役立つのです。**鼻の汗は、湿っているほうがにおい分子が吸着しやすいから**。湿り効果もあって、ねこは人の約20万倍の優れた嗅覚を誇っているのです。

からだ 9

注意されても□□□はやめられない

答え合わせ

爪とぎ

飼い主さんが困ることといえば、スプレーやねずみ食いもあるでしょうが、どうしてもやってしまうこと No.1 は、やっぱ爪とぎですよね。

爪はねこが狩りをする上での隠し武器（必殺武器は犬歯です）。普段は足音がしないように爪を隠し、必要なときだけ出すことができる優れものです。

ねこは狩りに備え、常に爪を鋭くしておきたいもの。使って丸くなった古い爪をはがすため、日々、バリバリと爪とぎに励んでいるのです。

また、爪とぎはマーキングの意味もあります。爪をとぐことで自分のにおいもつくので、一度マーキングした場所には、やはり日々、バリバリと励みます。本能なので止められないのです。

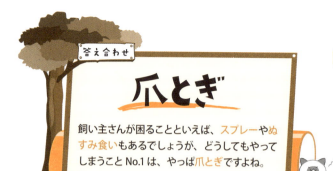

補習授業
もっと知りたい

爪の構造について

悪気はないのですが、興奮するとつい出ちゃう爪。これ以上、飼い主さんの傷を増やす前に、わたしたちの爪について勉強しておいたほうがいいかもしれません。

テーマ どうして爪が出ちゃうの？

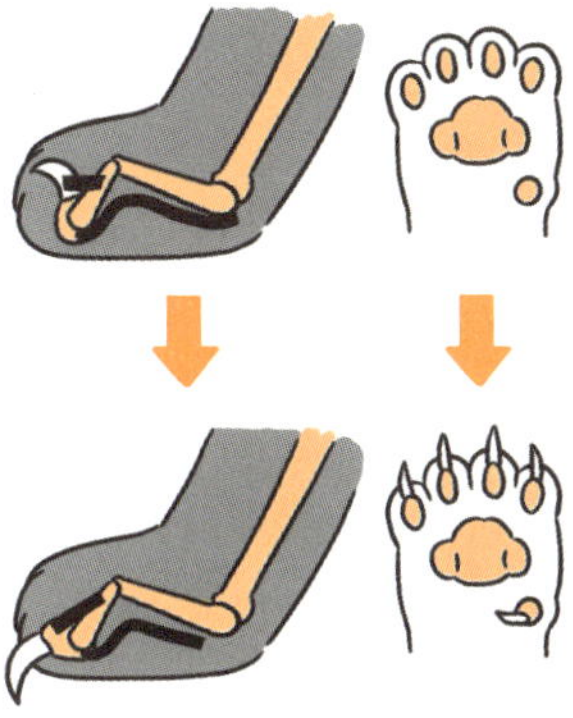

爪の役割

ねこの爪は狩りをするときに武器となるのはもちろん、高い所に登るときや降りるときにも引っかけて使います。また。マーキングとして自分のにおいを残すために爪とぎをすることもあります。

出し入れ可能

爪は指の骨の先端についていて、ふだんは腱によって引っ張られ、指の中に納められています。必要なときは足の指の筋肉を収縮させることで腱を伸ばし、爪を出します。ただ、狩りも爪とぎも本能なので、とっさに出てしまうことも。

爪とぎトレーニングをしよう

「爪とぎは爪とぎ器の上でするもの」と覚えてもらえれば、爪とぎ被害は最小限にできるかも。できれば子猫のうちに、爪とぎ器の前へ連れていき、足を持って交互にカリカリさせ練習をしましょう。

まとめ 遊びやマーキング時に出ちゃう爪は、本能なので止められないけど、トレーニングで爪とぎ場所を覚えることは可能。

春と秋は□□□のシーズン

答え合わせ

抜け毛

恋と答えた方、とってもロマンチック。当たらずも遠からずって感じですが、ねこにとってはやっぱり抜け毛が気になる季節なの。

春と秋は「換毛期」といって、毛が生え変わる時期。ねこの毛は、ひとつの毛穴から1本の太い毛（主毛）と数本の柔らかい毛（副毛）が生えています。寒くなると体温を逃がさないため副毛が多くなり、暑くなると副毛は薄くなります。春は夏毛へ、秋は冬毛へと衣替えをしているようなものですね。

この時期にこまめにブラッシングをするのはもちろんですが、ブラッシングは毎日行うのが基本です。温度管理がされた最近の室内飼いのねこは、換毛期があいまいなこともあるからです。

11 からだ

抜群のバランス感覚は□□□のおかげ

答え合わせ

しっぽ

三半規管でも正解ですが、そこまで専門的に答えるなら、三半規管と前庭が発達しているまで答えたいところ。でも文字数が多すぎますね。

ねこのバランス感覚が優れているのは、確かに三半規管が発達しているからではあるのですが、しっぽのバランサーとしての役割も忘れてはいけません。

人が平均台のような高くて幅の狭い場所を歩くときに両手を横に広げてバランスをとるように、ねこも体の傾きとは反対方向にしっぽを動かしバランスをとります。そのため、しっぽの短いねこは少しだけバランス感覚が劣るという説も。

しっぽの先まで骨と筋肉、神経が通っているので、引っ張ったり踏んだりは厳禁です。

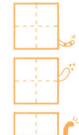

12

からだ

靴下のにおいをかぐと□□□□しちゃう

答え合わせ

ニヤニヤ

わたしたちとしては別に笑っているわけではないのですが、ニヤニヤしているように見えるとか。放心した顔にも見えるそうなので○です。

においをかいだあと口を半開きにして、笑っているような、ビックリしているような顔をする。これは「フレーメン反応」と言い、あるにおいに反応して起こる生理現象です。

反応しているのは性フェロモンのにおい。ねこには口内の上あごにも嗅覚器官（ヤコブソン器官）があり、そこでは主にフェロモンを感知します。人の足や靴下にはフェロモン臭が漂っているのでしょうか？　ねこはもっとにおいを取り込もうと口を開けるため、変な顔になってしまうのです。

補習授業
もっと知りたい

しっぽの形と種類

長いしっぽ、中くらいのしっぽ、短いしっぽ。ねこのしっぽの形はさまざま。なぜ違いがあるのか、短いしっぽは役に立つのか、疑問にお答えしましょう。

テーマ しっぽの長さは何で決まるの？

しっぽの長さは個体による

ねこの祖先であるリビアヤマネコは長いしっぽの持ち主。つまり、ねこはもともとしっぽが長いのが普通で、短いしっぽのねこは突然変異で生まれたのです。しかし、短いしっぽは優勢遺伝、長いしっぽは劣勢遺伝なので、短いしっぽと長いしっぽの親からは、短いしっぽが生まれやすい傾向に。このような遺伝子の仕組みによって短いしっぽが増えていったのです。

日本に短尾が多い理由

日本もかつては長いしっぽのほうが多かったと考えられますが、猫又伝説により長いしっぽは縁起が悪いとされ、短いしっぽのねこが優遇され増えたといわれています。

ねこのしっぽの構造

しっぽには尾椎（びつい）という短い骨が並び、その周りには12個の筋肉があります。そのため、左右前後自在に動かすことができ、バランスをとったり、寒さしのぎのため体に巻き付けたり、感情を表したりと、さまざまなことに活用できるのです。

※略図

まとめ しっぽの長さは遺伝子により決まる。短いとバランス感覚が若干劣るが、飼い猫はさほど影響しない。

ときどき□□をしまい忘れることがある

答え合わせ

舌

ねこがしまい忘れるものといったら舌。爪が出っぱなしのときは、しまい忘れではなく古い爪がうまくはがれていない証拠。ケアしてください。

水をすくったり、肉をそいだり、グルーミングしたり、舌はねこにとって大切な万能ツールですが、悲しいかな、うっかりしまい忘れることがあります。

舌は長く前歯が小さいため、舌が出やすい構造ではあるのですが、警戒心が強い野生のねこには見られないこと。つい出しっぱなしにしてしまうのは、リラックスしている証拠なのです。

グルーミング中、ちょっと休んでそのまま忘れる……なんてことも多いみたい。ただ、常に舌が出ているときは病気の可能性もあるので注意しましょう。

からだ 14

生まれたてのねこの目は□□

答え合わせ

青い

もちろんブルーと英語でかっこよくいっても正解。真っ黒に見えることもありますが、よく見るとグレーのはず。グレーや灰色も正解です。

生後3週間くらいの、ようやく開いたねこの目は、とってもきれいな青色。これはすべての子猫に共通する期間限定色。「キトンブルー」と呼ばれています。

目が青い理由は、生後間もなくは、まだ色を定着させるメラニン色素が少ないから。生後1か月過ぎからメラニン色素が増え始め、生後6か月くらいにはそのねこ固有の目の色に落ち着きます。

ちなみに、メラニン色素の量が少ないほど目の色はブルーっぽく、多くなるほどカッパー（銅色）になるそうです。

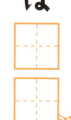

からだ 15

ねこの妊娠期間は約□□□

答え合わせ

2か月

5か月と答えた方、同じネコ科でもそれはライオンの妊娠期間ですね。ねこは2か月程度。あっという間に産んでしまいますよ。

ねこは一度に平均4匹の子どもを産みます。複数のねこを育てるのに2か月間とは、ずいぶん短い気がしますが、案の定、子猫は目も耳もふさがった、未熟な状態で生まれます。だから母猫は子猫を隠せるよう、出産前に隠れ家をつくるのですね。

生まれたばかりのころは触覚と嗅覚が少し発達しているくらいですが、生後の成長は目覚ましく、聴覚は生後5日、視覚は生後10日、味覚は生後1日くらいから発達し始めます。もう少し、お腹に入れておけばいいのに……と思うのは愚問です。

補習授業 もっと知りたい

ねこの妊娠から出産

え!? 人間は約9か月(平均266日)も妊娠しているんですか? 長すぎませんか? わたしたちのスピーディな展開をぜひ見習ってはいかがでしょうか?

ロイ校長

テーマ ねこの妊娠の経緯を知っておこう。

30日
45日
63～65日

妊娠 30日

交尾後3週間くらいから妊娠の兆候が出てきます。乳首まわりの毛が薄くなって乳首が目立つようになり、お腹もふくらんできます。

妊娠 45日

食欲がますますアップ。お腹の中のこどもも成長し、子宮が膀胱を圧迫するのでトイレが近くなります。

妊娠 63～65日

もりもり食べていたねこも、出産直前になると食欲が減少します。乳首から母乳がにじむようになり、ソワソワと隠れ家づくりのようなことを始めたら、出産の合図。

ねこは妊娠率100%

交尾の主導権はメスにあり、メスの気が乗らなければオスは交尾できません。ただ、メスは交尾の刺激で排卵するので、一度交尾が成立すれば、妊娠はほぼ確定なのです。

まとめ 交尾をしたら妊娠率はほぼ100%。2か月後には子猫が生まれるので出産計画は慎重に。妊娠後は安心して過ごせる環境をつくってあげましょう。

からだ 16

白猫に多い □□□□□

答え合わせ

オッドアイ

ブルーの目も正解。ツンデレ気質と答えた方もいますか？　飼い主さん以外には警戒心が強いともいわれますが、確証がないので△です。

左右の目の色が違う「オッドアイ」。医学的には「虹彩異色症」といい、どの毛色のねこにも現れますが、白猫に多いのは事実。それは、白猫のもつ遺伝子に関係しているのです。

　白猫は毛を白くする遺伝子「W遺伝子」をもっています。「W遺伝子」は色素をつくる細胞の働きを抑えるので、被毛はもちろん目の色素も薄くするため、青い目をもちやすくなるのです。つまり白猫のオッドアイは、片方の目は通常だけど、片方の目はメラニン色素が行き渡らなかったということなのです。

KIMOCHI

にゃんこのきもち

NYANKO DRILL

3時間目

ねこたちがどんなきもちなのか、気になりますよね？
表情や鳴き声、しぐさなどの6つの
パートに分かれた65問に挑戦！

伝われ！　アタチのきもち

飼い主しゃん、アタチが鳴くと、いつも困った顔するんでしゅ
ただのあいさつなのに……
落ち込むな、ルル！
いつか伝わる！
先生も、怒られるまで鳴いてるゾ！
ワッハッハ
ダメじゃん！

いい？　ルル
飼い主さんは、あたしたちを心地よくするために存在するの
きもちを伝えるんじゃなくて、
わからせるのよ！
はい　どーぞ♡
だって、飼い主さんはしもべだもん♡
シロ美ちゃん、お姫様みたい……！
シロ美ちゃんステキ！
さすが俺の生徒だ！
ワッハッハ
ちょっとこわい……
にぼし

表情からきもちを読みとろう

ねこはポーカーフェイス？　はたして本当にそうでしょうか。我々は総じて自分に正直なだけ。きもちを隠そうなんてしていません。むしろだだ漏れですよ。

実は表情ゆたか

実は人やサルなどに次いで表情筋が多いのがネコ科の動物。表現方法が人と違うから伝わりづらいだけなのです。瞳の大きさ、耳やヒゲの動きに注目を。

ねこの表情がよく出る部分
耳
びくっ
p.74
目
p.72
ヒゲ
p.77
目
p.76

答え合わせ

安心

睡眠……おしい！　答えは安心。満足でも正解です。安心しているから目をつぶって、そのまま睡眠ということもありますけどね。

1 表情

ゆっくり瞬《まばた》きするのは□□のサイン

　一度目が合ってから、ゆっくり目を閉じるというのがポイント。これは、人がいるのを認識したのに「うん、いても大丈夫」と認定されたことになります。

　ねこは基本的には警戒心が強いので、心を許していない相手の前では、目をつぶることはありません。ゆっくり瞬きするのは信頼の証ということですね。

　そして、ねこどうしの間では「警戒してないよ」サインとしても使われます。もしねこが緊張してじっと見つめてきたら、あなたからゆっくり瞬きしてあげてみてはいかがでしょう。

2 表情

気持ちの変化で瞳孔の□□□も変わる

答え合わせ

大きさ

瞳孔の変化といえば、大きさの変化しかありませんね。形も〇にしましょう。まさか、色と答えた人なんていませんよね？

ねこの瞳孔は暗いところでは大きく、明るいところでは小さくなります。暗いところで大きくなるのは、多くの光を取り込み周りをよく見ようとするため。

　また、感情によっても瞳孔の大きさは変化します。驚いたり、怖がったり、興奮状態にあるときは、瞳孔がグワッと大きく目いっぱいに広がります。これは何があっても対応できるよう周りをよく見ようとしているから。おもちゃを目で追っているときなどによく見られますが、まさに臨戦態勢というかんじですね。

飼い主を見つめてくるのは□□のしるし

愛情

「飼い主を」とわざわざヒントが出ていますよ。ねこどうしなら敵意と入るところですが、相手が飼い主さんなら愛情が正解。

ねこの世界では、目を合わせることは宣戦布告になりますが、飼い主さんと目を合わせてくるねこもいます。リラックスした状態で飼い主さんを見つめてくる場合は、愛情表現や要求があるときのサイン。これは飼い猫ならではのしぐさなのです。

ねこと間近で見つめあっていると、瞳孔が少しだけ大きくなったり小さくなったり、左右に動いたりを繰り返すことがあります。これは、ねこが飼い主さんと目を合わせようと焦点を調整しているからだといわれます。まさに、愛情の表れですね。

4 表情

耳が倒れているときは□□とき

答え合わせ

怖い

弱気のときも正解。機嫌が悪いとか怒っているときと答えた方、惜しかったですね。微妙に向きが違うので、よく復習してくださいね。

ねこの耳は感情がよく表れる場所です。

ピンと耳を立てているときは、何か気を引くものがある場合。音を拾おうとしているのです。

リラックスしているときは、正面からやや外向き。これが平常時です。

耳が完全に横を向いているときは要注意。不安があったり機嫌が悪いときです。

そして、耳が倒れた状態は、怯えて弱気になっているとき。何かあったときに耳が傷つかないように伏せ、守りの態勢に入っている証拠です。

5
表情

状態のときは目を開けてあくび

答え合わせ

緊張

眠いという答えはあまりにもストレート。「目を開けて」というヒントを見逃さないでくださいね。答えは眠いとは真逆の緊張です。

ねこのあくびには2種類あることをご存じでしょうか？ ひとつは、わたしたち人と同じく眠いときに出てしまうあくび。そしてもうひとつは、緊張状態を緩和させるためのあくびです。ねこは、飼い主さんが怒っているときや、ねこどうしのケンカの最中などにも、気持ちを落ち着かせようと全く関係ない行動をとることがあります。これを転位行動といい、あくびの他にも目をそらしたり、鼻をなめたりすることも。転位行動のときのあくびは警戒状態なので目は開けたままします。

6 表情

笑っているみたいに目を□□□ことがある

答え合わせ

細める

これは簡単すぎましたかね。細める以外に言葉が見つかりません。あ、閉じるという答えは、71ページで説明しているので△ですよ。

目を細めてまったりしているねこ。まるで微笑んでいるように見えることもありますよね。もちろん、笑っているわけではありませんが、**とても満足している状態だと考えられます**。

71ページで説明したとおり、**ねこは警戒しているときは目を細めたり閉じたりするようなことはしません**。あなたがそばにいて、なでたりしているときにこの表情をするようなら、仲間だと思って信頼を寄せている証拠。笑っているわけではないけど、ねこの気持ち的には笑顔と同じなのかもしれませんね。

気になるものがあるとヒゲが□を向く

答え合わせ

前

ヒゲが前へ動くことはご存じでしたよね。え? 知らなかった? もうちょっと観察力をつけてくださいよ〜。

52ページでヒゲ（感覚毛）は体中にあるとお伝えしましたが、その中でもっとも敏感で、唯一、自分の意思で動かせるヒゲが口元のヒゲ。

口元のヒゲは、ねこ好きの間でも人気が高いぷっくり部分、「ウィスカーパッド」と呼ばれる部分から生えており、ここにはたくさんの神経が集中しています。興味のあるものを見つけたときや、緊張したときなどは、ウィスカーパッドをぷくっと膨らませることでヒゲを前に向けます。周りの情報を収集しようとしているのです。

課題2

鳴き声からきもちを読みとろう

「ねこは単独生活者」っていうけど、おれたちだって常にひとりなわけじゃない。コミュニケーションをとるための猫語だってもちろんあるんだぜ。

さまざまな鳴き声できもちを伝えようとしている

野生では、子猫が要求のために鳴くほか、おとなは発情期や威嚇で鳴くくらい。でも飼い猫は少し違います。おとなでも甘えて鳴くし、あいさつや返事をしたり、「ごは〜ん」と訴えることも。声でコミュニケーションをとる人に合わせ、日々進化中なのです。

鳴く頻度は個体差が大きい

「鳴くねこが増えた」といっても、すべての飼い猫がそうとは限りません。鳴く頻度やタイミングは個体差が大きく、独り言をいうように常に鳴いているねこもいれば、ほとんど鳴かないねこも。品種による傾向もあります。

あまり鳴かない種類

ロシアンブルー

鳴いても声が小さく、ボイスレス・キャットといわれています。

ペルシャ

温和で落ち着いた性格のため、ほとんど鳴きません。

1 鳴き声

ニャオとかわいく鳴いて□□

答え合わせ

要求

何かしてもらいたいときは、子猫のようにあざといくらいかわいく鳴くのが基本。ラブと答えた方、そのセンス嫌いじゃないけど△。

もともと「ニャオ」という鳴き方は、子猫が母猫に要求するときに出す鳴き声。かわいい声で母性本能をくすぐります。それがそのまま飼い主さんに甘えたり、おねだりするときにも使うようになりました。

ドアの前での「ニャオ」は「ここ開けて」、フード皿の前での「ニャオ」は「ごはんちょうだい」。「あれやって」「これやって」という甘えの気持ちが入っているので、基本的には信頼している人にお願いします。だからあながち「ラブ」も間違いではないのです。

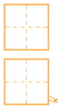

2

鳴き声

安心しているとのどを□□□□鳴らす

答え合わせ

ゴロゴロ

グルグルも正解。でも、ねこが「のどを鳴らす」といえば、ゴロゴロが定番中の定番ですよね。正解率 100%だったかも⁉

ねこの「ゴロゴロ」は、子猫が母乳を飲んでいるときに「ぼく満足だよ～」と母猫に伝える合図。その名残で、飼い主さんに対しても甘えたいときや満足しているときには、ゴロゴロサインを送ってしまうのでしょう。

ところが、この「ゴロゴロ」、具合が悪いときや苦手なはずの動物病院で鳴らすこともあります。これは、不安や緊張を和らげようとするため。「ゴロゴロしておけば、きっと気持ちよくなる」と自己暗示をかけているようなものなのです。

何ともいじらしいですね。

にゃんこ4コマ 鳴き声編

1 甘え上手

2 だれでもゴロゴロ

3 鳴き声

ニャッと短く鳴くのはただの□□□□

答え合わせ

あいさつ

お返事やあいづちでも正解です。あいさつという意味では「オッス」や「チィ〜ッス」といったセリフが入ってもギリOKとしましょう。

「ねこってあいさつするの!?」と疑問を持った方、ねこの流行に乗り遅れていますよ。ねこたちの間でも、鳴き声によるあいさつが浸透しつつあるようです。

ねこが「ニャッ」と軽く鳴くときは、「よっ!」というようなちょっとしたあいさつの表現。ほかにも、飼い主さんの語り掛けに「ニャッ、ニャッ」とあいづちをうつように返事をすることも。これは、人と生活する中で、「声を出したほうが注目される」と学び、生まれたねこ語。ねこ界でも日々新しいコミュニケーションが生まれているのです。

4 鳴き声

飼い猫はおとなになってもよく□□

答え合わせ

鳴く

これはサービス問題。前の問題を解いていたらおのずと鳴くという答えが出てくるでしょう。鳴き声で出題する章ですが、遊ぶでも正解です。

ねこは本来、単独行動をする動物（20ページ）。鳴いてコミュニケーションをとる必要があるのは親やきょうだいと一緒に過ごす子猫の間だけです。おとなになりひとりで生活するようになれば、鳴く必要はありませんよね。鳴くのは発情期と、ケンカをするときくらいです。

　でも、飼い猫は「飼い主」という世話を焼いてくれる親がずっといるため、子猫気分が抜けず、おとなになっても、鳴いて甘えたり、要求したりするというわけです。おとなになっても遊び好きなのも同じ理由です。

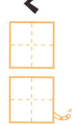

答え合わせ

興奮

獲物を見つけると、狩りをすると、という意味をひっくるめ、正解は興奮。外を見ると答えた方、「外を見る＝興奮」ではないので×。

5 鳴き声

□□するとカカカと謎の声を出す

「カカカ」もしくは「ケケケ」はたまた「ウニャニャニャ」。鳴き方はねこによってさまざまですが、あきらかにいつもとは違う、上唇やあごを細かく震わせる鳴き方をすることがあります。実は、正確な意味は分かっていませんが、**この鳴き方をするときは決まって獲物を目で追っているとき**。窓から鳥を発見したときや、手の届かない場所に虫などがいたときなどです。一説には、「狩りたい、でも狩れない！ ちっくしょ～」という心の葛藤がつい漏れてしまうのだともいわれています。

鳴き声 6

舌打ちは□□□の表れ

ねこじゃらしを捕らえようと狙っているときに「チッ」と、舌打ちのような音を出すねこ。このときのねこの気持ちを翻訳するならば、「チッ……捕れねぇな」ではなく、「チッ……いくぜ！」が正解。

舌打ち音は、興奮のあまり鼻が鳴ってしまった音だといわれています。「カカカ」と鳴いてしまうのと同じようなものですね。

ちなみに、人が「チッチッチッ」と舌打ちをするとねこが反応して寄ってくるのは、獲物とする小動物が出す物音だと思っているからともいわれています。

答え合わせ

やる気

興奮、気持ちの高ぶりでも正解です。不満があったり、イライラしたときに舌打ちする人間とは、ずいぶん違うのですね〜。

究極の甘え声は人には□□□□□

答え合わせ

聞こえない

答えは聞こえないですが、わからないも○です。え？　わかるまい？　いえいえ、そんな上から目線でものをいいませんよぅ。

飼い主さんの方を見て、口を開けているけれど、何も聞こえない。こんなとき、ねこは人にはわからない暗号で他のねこと交信を……なんて大げさなことはありませんが、ねこどうしならわかるのは事実です。

ねこは、人には聞こえない高周波で鳴いているのです。これは、子猫が母猫とはぐれたときに「ママ〜」と呼ぶ声。高周波の鳴き声を出すのは、周囲の敵に存在を知られないようにするためです。つまり「超甘えたい！」というねこの心の叫び。無音で鳴くしぐさをしていたら、応えてあげて。

8 鳴き声

ため息は□□していたしるし

答え合わせ

緊張

75ページ同様、ここの答えも緊張です。すみませんね、われわれは緊張する場面が多いもので。落胆しているわけではないのでご安心を。

ねこが突然「フン～ッ」と鼻からため息。安心してください。別に疲れているわけでも、世を儚んでいるわけでもありません。気持ちを切り替えているのです。

人間も、何かに集中しているときは体に力が入り、それが終わると「はぁ～」とため息が出ることがありますよね。それと同じで、ねこも緊張状態から解き放たれたときにため息が出てしまうのです。ねこは何かの気配を感じれば、息を殺しじっと成り行きを見守ります。事態が過ぎたときに「フン～ッ」と止めていた息を吐くのです。

鳴き声 9

鳴き食べは□□□□の証

答え合わせ

満足

満足、喜び、幸せ、ちょっと大げさになりますが感動も正解。あ、独占欲の場合もあるので、これも正解です。

「ウニャウニャ」と鳴きながらごはんを食べるねこは、とってもかわいいですね。なかには「ウマイ、ウマイ」といっているように聞こえることも。

子猫のころに多いようですが、これは、夢中になってごはんを食べているときに思わず漏れてしまう声のようです。きっと本当に「ウマイ」のでしょう。

また、「とらないでよ」と威嚇の意味で鳴きながら食べるねこもいます。元のら猫や、多頭飼いのねこに多いようです。中には、飼い主さんを警戒していることもあるようですよ。

10

鳴き声

□□□□と鳴くのは近づくなのサイン

答え合わせ

シャーッ

シャーッを間違えた人はいませんよね？　もちろん、シャーでも○です。そのときは近づかないでくださいね。

「シャーッ」という鳴き声は、いわずと知れたねこの威嚇。生後間もない子猫でもこの声を出すことから、**ねこにとっては生きていくのにとても大切な警告音だということがわかります。**

犬歯を見せ、毛を逆立てて「シャーッ」と凄むねこは、今にも襲い掛かってきそうですが、本音は「あっち行ってよ」。**ねこだってケンカをしてケガなんてしたくないのです。**だからとっておきの怖い形相で威嚇。この「シャーッ」というコミュニケーションが、ねこの生存率を上げているのはいうまでもありません。

鳴き声 11

□□□□と鳴いたら恋の季節

答え合わせ

ナオ〜ン

ナ〜オ〜やア〜オ〜、アオ〜ンなど、いつもとは違う、周りに響くような大きな声なら全部正解です。

ねこの繁殖期は年に2〜3回。「ナオ〜ン」というメスの大きな鳴き声でスタートします。**いつもとは違う独特の大きな鳴き声は、卵子ができ体の準備が整ったメスがオスを呼ぶ声。**その声に促され、オスも「オオ〜ン」と鳴いて応えながらメスを探します。

1年でもっとも盛んな発情期は2月ごろ。そのころの夜には、赤ちゃんの泣き声のような声が響きわたりますよね。人には、区別がつきませんが、ねこは鳴き声だけでオスメスの区別がつくそうですよ。

12 鳴き声

ミャ～オ～となったら□□モード

答え合わせ

戦闘

発情ではありませんよ。文字だと声のニュアンスが伝わりにくいですね。ドスのきいたうなるような声。戦い、威嚇、おどしもOKです。

発情期の鳴き声に交じってときどき聞こえてくる、「ミャ～オ～」や「ウ～」といった低くうなるような鳴き声は、「シャーッ」という威嚇が通じなかったときの次の一手。さらに睨みをきかせ、いつ襲い掛かろうかという戦闘モードに入った証拠です。

人のケンカでも、顔を近づけて「やるか？」と凄み、間合いをはかりますよね。それと同じで、ねこも凄みながら間合いをはかり、あわよくばそれで相手が逃げてくれたらと思っています。

どちらも引かなかったら、ついに決闘開始です。

課題3

しぐさからきもちを読みとろう

おれたちのきもちがいちばん表れるのが姿勢さ。体はうそをつかないぜ。表情や鳴き声と合わせれば、おれたちのきもちもバッチリ判断できるはずだ。

姿勢に出るねこのきもち

ねこにとってボディランゲージが必要なとき、それは、ほかのねこや生き物に出会ったときです。ボディランゲージで表すきもちは基本的に4つ。安心（平常心）、威嚇、恐怖、攻撃です。戦いたいのか、逃げたいのか、はたまた友好的にやり過ごしたいのか、自分のきもちを表すことで、極力ケンカを避けようとしているのです。

『平常心』

平常心の状態。体は地面に平行で、しっぽは自然に垂れています。

威嚇

威嚇のときは、腰を高くし背中の毛を逆立て、自分を大きく見せます。

恐怖

低姿勢で耳やしっぽを伏せるのは防御の姿勢。「攻撃しません」のポーズ。

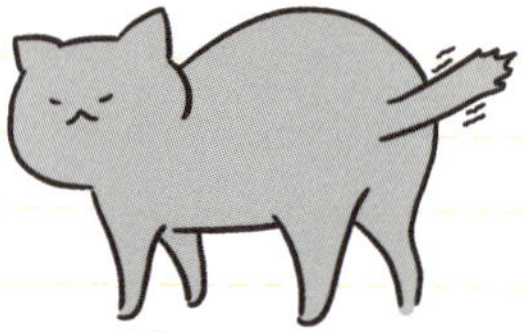

攻撃

腰は高いけれど頭は低め。相手をじっと見据え攻撃のチャンスを見計らいます。

しぐさ 1

□□に飛びつく前はおしりフリフリ

答え合わせ

獲物

おもちゃも正解にしましょう。ごはんですか？確かに獲物＝ごはんですが、今やわたしたちのごはんはカリカリがメイン。残念ですが×です。

体を低くして、おしりをフリフリ。これは獲物を狙っているときの姿勢。いざ飛びかかろうとする直前です。

おしりをフリフリするのは、獲物を前に浮かれているわけではありませんよ。ねこの狩りは一発勝負。飛びかかったときに両前脚で獲物を捕らえなければ、逃がしてしまいます。だからジャンプの前に脚を交互に動かし、入念に方向調整しているのです。

飼い猫でも、おもちゃやじゃらし棒、ときには人の足を獲物に見立て、おしりフリフリ。狩りの欲求を満たしてあげましょう。

しぐさ 2

毛づくろいで□□□をリセット

答え合わせ

気持ち

気分でも正解。すべて？　いやいや、毛づくろいさえすればオールオッケー！　なんて、わたしたちそんな単純ではありませんよ。たぶん。

ジャンプを失敗したときなど、ねこがあわててペロペロッと毛づくろいをすることがあります。「わたし、なにもしてないし～」と失敗をごまかしているようにも見えますが、ねこが人目を気にするなんてことはありません。これは、焦った気持ちを落ち着かせようとしているのです。

ねこの毛づくろいは、体をきれいに保つほか、気持ちを落ち着かせるという効果もあります。人も不安や緊張があるときは、自分の体のどこかを触っているもの。それと同じで、無意識にペロペロッとするのでしょう。

補習授業 もっと知りたい

毛づくろいについて

わたしたち、ただやみくもに毛づくろいしているわけではないんです。ちゃんと順番があるのをご存じでしたか？

テーマ 》 効率的な毛づくろいの順番とは？

ステップ1

まずは顔まわり

ヒゲや鼻など、大切な感覚器が集中している顔は一番きれいにしておきたい場所。前脚をなめて湿らせてから、顔やヒゲを拭いていきます。

ステップ2

続いて胴体

体をぐるんとくねらせ、背中をなめます。体が柔らかいねこだからこそできる体勢です。背中が終わったらお腹もていねいにペロペロ。

ステップ3

脚先で仕上げ

後ろ脚をピンと上げ、肛門まわりをなめます。後ろ脚や、脚先までなめたら完了。ちなみになめすぎる場所があったら違和感がある証拠なので、しっかりチェックして。

まとめ 顔→胴体→おしり→後ろ脚と、上から毛づくろいするのがねこ流。汚い肛門や後ろ脚を最後にするのは、全身をきれいに保つため。

答え合わせ

赤ちゃん

子猫、甘えっこなんていういい方もできますね。正解です。おっぱい⁉　なるほど、直接的な表現ですが意図は伝わるので○です。

しぐさ 3

ふみふみは□□□□気分

柔らかい毛布などを前脚でふみふみしてうっとりしている姿に、飼い主さんも思わずうっとり。このふみふみ行動は、母猫のおっぱいを吸っているときに子猫が無意識に行うしぐさ。ふみふみすることで母乳の出がよくなるのです。

その名残で、飼い猫はおとなになっても、ふみふみしてしまうことがあります。このときのねこはすっかり赤ちゃん気分。母乳を飲んでいたときの幸福感を思い出しているのでしょうね。手をチュパチュパなめたりするのも赤ちゃん返りの一種です。

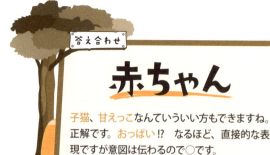

しぐさ 4

わからないときにはねこも□をかしげる

答え合わせ

首

「かしげる」とつく言葉は首しかないですよね。頭？　ブブー！　「頭をかしげる」というのは誤用なんですよ。あしからずご了承ください。

ねこが時折見せる、ピョコンと首をかしげるポーズ。思わず、ねこの横に「?」マークを入れたくなりますが、その感覚、正解です！　**ねこが首をかしげているときは「これなんだ？」と疑問に思っているとき**。見慣れないものや見えづらいものを、角度を変えて見ようとしているのです。音をとらえようと耳の角度を変えている可能性も。

　ときどき「首、折れるって！」と思うほど、顔を90度横にしていることもありますが、ねこは人よりもずっと関節が柔軟な生き物なので、心配いりませんよ。

しぐさ 5

リラックス度は□□に表れる

答え合わせ

寝相

姿勢や表情は△。確かにリラックス度は読みとれますが、やはり寝相が一番わかりやすいですから。

まるっとコンパクトに寝るねこもいれば、お腹を出して寝るねこも。**寝相の違いはリラックス度に関係しています。**

通常、野生のねこは、いつでも動けるように足をしっかり地面につけ、丸くなって寝ています。**脚を投げ出して横になっているのは、それだけ警戒心が薄れているということ。**ましてや仰向けで寝るのは、急所のお腹を思いっきりさらしているのですから、最上級のリラックスポーズといえるでしょう。ただし、寒いと丸まり、暑いと伸びる。気温にも左右されます。

にゃんこドリル

応用問題 ▶▶▶（科目）リラックス度を見抜く

問 リラックス度が高い寝相に○をつけよ

×

体を丸くして寝る

サッと動ける警戒の状態 POINT

しっぽも体にピタリとつけ、体を丸くして寝るのは、まわりを警戒しているか寒いときに見せる寝姿。いつでも動けるように、急所のお腹を守りつつ、脚は地面にピッタリつけています。

△

脚を投げ出して寝る

警戒心を残しつつ、ややリラックス POINT

体を横に倒し、脚を投げ出しているということは、すぐには立てない状態。この姿勢のときは警戒心がかなり薄れている証拠です。顔を地面につけている場合は、より緊張度が解けています。

◎

へそ天

急所まる出しの超無防備 POINT

お腹をまる出しにして仰向けで寝ている通称“へそ天”の場合は、警戒心ゼロ。ここには敵がいないと完全に安心しきっているときの寝相で、のら猫は決してこの姿勢をとりません。飼い主さんの上で仰向けになるのも信頼の証。

しぐさ 6

「ごめん寝」は□□□□から

答え合わせ

まぶしい

まぶしいのほかに、寒い、安心するも正解です。反省しているは不正解。反省して落ち込んでいるポーズじゃありませんよ。

うつ伏せになり、頭を床や前脚に押しつけて寝る、通称「ごめん寝」、または「すまん寝」。とてもかわいらしい姿ですが、ねこ的には寝づらいと感じている可能性も。

ねこの目は光の感度が高いので、顔を隠しているのは、光がまぶしいのかもしれません。また、寒さを感じて顔を隠しているとも考えられます。

一方、母猫のお腹に顔を埋めて寝たのを思い出し安心するからという説も。ごめん寝をしていたら、その場所を暗く温かくしてそっとしてあげましょう。

しぐさ

□□□□したときは垂直ジャンプ！

答え合わせ

びっくり

ドッキリでもOKですが、ドキドキはちょっと違いますね。ハラハラも違います。瞬間的な驚きというニュアンスの答えがいいです。

突然大きな音がしたり、急に触られたりしたとき、ねこは文字通り「びっくりして飛び上がる」ことがあります。「そんなオーバーリアクションしなくても！」といいたくなりますが、これもねこに備わった危険回避本能。

ねこはもちろんびっくりして飛び上がっているわけですが、もしすぐ近くに敵がいたなら、その敵も驚いて攻撃チャンスを逃すはず。さらに、最大2mも飛ぶというジャンプ力で、敵をかわして逃げることも可能。一石二鳥の驚き方をするなんて、さすがねこですね。

しぐさ 8

ピンチのときは思わず□□□□

答え合わせ

フリーズ

固まる、ストップなど、動きを止めるという意味合いの言葉なら正解です。「助けて」というのは、心の声なので×ですよ。

101ページのように、突然のハプニングに飛び上がって危険回避することもあれば、ピタッと固まることもあります。車やバイクにはねられてしまう事故の多くは、実はこのカッチーンが原因。でも固まるのも危険回避本能のひとつなのです。

ねこもそうですが、野生の動物は動くものに敏感に反応します。だから、身の危険を感じたら、動かないほうが見つかりにくいのです。でもこの方法、人間社会では有効とはいえません。人間が走る車の前で動きを止めるほうが危険ですから。

しぐさ 9

前脚をたたんだ□□座り

答え合わせ

香箱《こうばこ》

答えは香箱。香箱ってご存じですか？　お香を入れる蓋つきの箱です。似てる？　こんな四角い？　ただの箱座りじゃダメだったの？

ねこが前脚を体の下に折りたたんで座る姿は、「香箱座り」または「香箱を組む」などといわれます。その姿が箱に似てるからとはいえ、なぜ「香箱」なのかは謎。でもこのときのねこの気持ちなら少しわかります。

香箱座りをしているときのねこは、半リラックス状態。脚をたたみすぐ動ける状態ではないということは、「ここは安全」と思っている証拠です。でも、顔はしっかり立てているので、危険を察知できるようにしているというわけです。ちなみにライオンやトラは、香箱座りはしません。

しぐさ 10

飼い猫しかしない□□座り

答え合わせ

スコ

「スコ」ってわかります？　スコティッシュフォールドの「スコ」です。人間みたいだから人座りでもいいと思いますが。え？　ダメ？

腰を床につけ、脚を投げ出して座る「スコ座り」。ぽっちゃり体型が魅力の猫種、スコティッシュフォールドがよくする座り方ですが、猫種を問わずどんなねこもやります。ただ、これは飼い猫限定の座り方です。

なぜならスコ座りは、敵が全くいない場所でなければできない究極のリラックス姿勢だからです。急所のお腹は丸見えで、体中脱力。起き上がるには「よっこらしょ」という声が聞こえてきそうなほど。もちろん、ライオンやトラがこの姿勢をとることはありません。

しぐさ 11

□□□□をつかむとおとなしくなる

答え合わせ

首の後ろ

しっぽをつかむとおとなしくなる？　そんな設定のアニメがありそう？　ねこのしっぽをつかんだら暴れますよ。正解は首の後ろです。

首の後ろをつかまれるとおとなしくなるのは、痛いからではありません。ねこにしてみれば「体の力が抜けちゃうの」といった感じでしょう。

由来は子猫時代にあります。母猫が子猫を運ぶときは首の後ろをくわえます。ねこの首まわりは皮膚が余っているので、くわえられても痛くありません。逆にリラックスした状態になるのだとか。母猫に運ばれているときに暴れて放置されたら、子猫は生きていけません。だから「つかまれたらおとなしくする」という習性を身につけたのです。

課題4

行動からきもちを読みとろう

ねこの行動が意味不明？　それは我々が野生の本能を強く残しているから。野生と飼い猫の気分を行ったりきたり。自分でも自分の性格がよくわからんのです。

ねこの行動からわかる性格診断

YES ⇒ / NO →

- 夜寝るときは飼い主さんと同じタイミング
  - YES → よくお腹を見せて寝る
  - NO → 大きな音がすると、逃げたり隠れたりする
- 大きな音がすると、逃げたり隠れたりする
  - YES → よくお腹を見せて寝る
  - NO → ごはんが気に入らないと食べない
- よくお腹を見せて寝る
  - YES → 飼い主さんが帰宅するとお出迎え
  - NO → 座るときはよくしっぽを体に巻きつけている
- 座るときはよくしっぽを体に巻きつけている
  - YES → だっこを嫌がらない
  - NO → 飼い主さんが帰宅するとお出迎え
- ごはんが気に入らないと食べない
  - YES → おもちゃ遊びでは基本無視
  - NO → 名前を呼ぶとやってくる
- 飼い主さんが帰宅するとお出迎え
  - YES → 名前を呼ぶとやってくる
  - NO → だっこを嫌がらない
- だっこを嫌がらない
  - YES → 知らない人がくると逃げて出てこない
  - NO → ごはんは数回に分けて食べる
- おもちゃ遊びでは基本無視
  - YES → 王様・王女様タイプ
  - NO → 甘えん坊タイプ
- 名前を呼ぶとやってくる
  - YES → 甘えん坊タイプ
  - NO → 知らない人がくると逃げて出てこない
- 知らない人がくると逃げて出てこない
  - YES → センシティブタイプ
  - NO → ごはんは数回に分けて食べる
- ごはんは数回に分けて食べる
  - YES → のら猫タイプ
  - NO → センシティブタイプ

王様・王女様タイプ

怖いものなしのボスねこ気分。野生と違い、食べるのに困らないこともちゃんとわかっているので、よりわがままに。

甘えん坊タイプ

「なでて～♡」「遊んで～♡」と要求が多いけど、飼い主さんが大好きで甘え上手。憎めない甘えん坊です。

センシティブタイプ

繊細で慎重派。お客さんには決して姿を見せない「幻のねこ」になることも。焦らず、打ち解けてくれるのを待ちましょう。

のら猫タイプ

野性味が強く自立しているねこ。飼い主さんへの依存度も低く、さっぱりした同居人といった存在に。

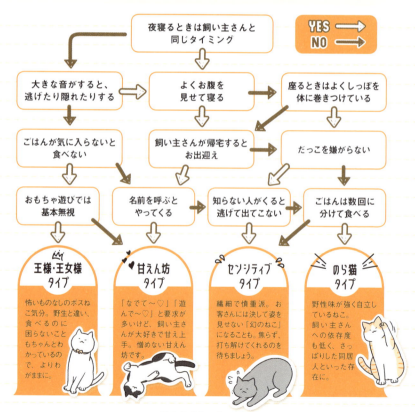

行動 1

獲物がいなくても□□ごっこで特訓

答え合わせ

狩り

「獲物」が大きなヒント。狩り、狩猟が正解。オニごっこやケンカごっこもおしいのですが、このふたつは獲物が関係しないので×。

何もないところをめがけてジャンプ！　ジャンプ！　ねこパーンチ！　ひとりでハッスルしているねこを見てもあわてないでください。これは子猫たちがよくやる〝狩りごっこ〟。シャドーボクシングのようなものです。

子猫時代にはこうしたごっこ遊びを通して、ねことして生きていくのに必要な狩りの方法を学ぶのです。じゃらし棒で一緒に遊んであげるのが一番ですが、何もないときには「ひとり狩りごっこ」で、獲物がいると想像して遊びます。想像遊びは頭のいい証拠なのですよ。

飼い猫は□□がコロコロ変わる

答え合わせ

気分

気持ちでもOK。性格は微妙ですが、性格が変わったかのような変化ということで△。表情や声は×です。

そもそも、単独行動をするねこは自分の気持ちに忠実なので、気まぐれなもの。飼い猫はさらに輪をかけ気分屋です。

べったり甘えたかと思ったら、急にそっけなくなったり、態度がコロコロ変わるのは、保護されていることでおとなになってからも子猫気分が抜けないから。本来もっている野生の本能と、成長とともに芽生える親猫の本能に加え、子猫気分と飼い猫気分が存在し、状況によっていろんな面が顔を出すのです。ある意味、多重人格、いいえ、多重描格といえなくもないですね。

補習授業 もっと知りたい

飼い猫の4つのモード

コロコロ態度を変えるねこに振り回される飼い主さん、飼い猫は4つのモードを行ったりきたりしているだけです。この4つを理解すれば謎行動も理解できるかも。

テーマ 》 飼い猫がもつ4つのモードとは？

子猫モード

野生ならおとなになれば親離れしますが、ずっと飼い主さんに依存する生活を送る飼い猫は、子猫気分が抜けません。甘えたり、一緒に遊びたがったりするのは子猫モードのとき。

親猫モード

ねこは本能が強い動物。出産経験がなくても父性や母性が刺激され親猫モードになることも。獲物を飼い主の前に置くのは、親猫気分で子ども（飼い主）にごはんをあたえているつもり。

飼い猫モード

人間のように仰向けで寝ていたり、どっかり腰を下ろしていたり、警戒心のかけらもないポーズでリラックスしているのは飼い猫モードのとき。敵はいないと安心しきっています。

野生モード

夜中の大運動会やトイレハイ、ひとり狩りごっこなど、突然野生モードが発動して体を動かしたくなったり狩りをしたくなることも。トイレの砂かきやごはんを隠すしぐさも、野生本能発動中。

まとめ 甘えたり要求するときは子猫、リラックス時は飼い猫、飼い主さんをお世話するようなときは親猫、暴れたいときは野生モード。

足や家具にスリスリして

答え合わせ

マーキング

におい付け、なわばり主張、安心のためなんていう答えも正解です。かゆいからという答えも当てはまりますが、ここでは△。

家具、壁にスリスリ、飼い主さんにスリスリ。ねこはあらゆるものにスリスリする生き物。

単にかゆいから……という場合もありますが、多くの場合は自分のにおいをつけるため。なわばり（家の中）では自分のにおいに包まれ安心したいのです。

においのもとはフェロモン。顔回りやわき腹、肉球、肛門、しっぽなどにある臭腺から出ています。人には感じ取れませんが、飼い主さんが外で他の動物のフェロモン臭をつけてこようものなら、ねこはすぐに察知。フェロモンの上塗りにとりかかります。

4 行動

外を見ていても□□したいわけじゃない

答え合わせ

外出

冒険、探検など、外に出る意味合いの答えなら正解。恋？　あら、歌詞みたいでステキ。でも×。だって本当に恋したいときもあるから。

ねこの背中ってなぜあんなにも哀愁に満ちているのでしょうか。窓の外を見る姿は、まるで故郷を思う異邦人のよう……ですが、それはすべて人の妄想。なで肩が見せる幻想です。

　ねこがなわばり意識が強いのは、それだけ臆病だから。わざわざ安心・安全・満腹が約束されているなわばりを出たいとは思わないはずです。外を見ているのは、単純におもしろいから。または、外の景色も含めなわばりだと思っていて、異変はないかチェックをしている気持ちなのでしょう。

5

行動

トイレ掃除のあとはすぐ□□□

答え合わせ

トイレ

手洗い？　それは飼い主さんの行動ですよね。飼い主さんがトイレ掃除をした後にわれわれがやることといえば、そう、トイレ。排泄も○。

きれいに掃除し終えたトイレに、いそいそと入るねこ。「いいんだけどさ……」といいながらも肩をおとす飼い主さんも多いことでしょう。

でも、ねこにはねこの事情があります。**自分のトイレには自分のにおいがついていないと安心できないのです。**つまりこれもマーキング行動なので、オシッコをしたい気分じゃなくても、絞り出そうとします。もちろん、掃除を見ているうちに「なんかしたくなっちゃった」というときもあるでしょう。ねこの好きにさせてあげましょう。

砂がなくても□□□しちゃう習性

答え合わせ

砂かき

「ねこ+砂=トイレ」だから答えは排泄!? はい、残念。正解は砂かきです。確かに、砂がなくても排泄はしますが、習性ではありません。

排泄物は砂で隠してにおいを消す。野生時代、ねこはこうして敵から身を隠して生きてきました。その習性は今でも残っていますが、中には砂がない床や壁をかきかきして全く目的を果たせていないねこもいます。

それは、排泄と砂かきは、すでにセットで体にインプットされているから。砂があろうがなかろうが、排泄したらかきかきしたいのです。その結果についての反応はまちまち。排泄物が隠れていなくても気にしないねこもいれば、においが消えるまでかきかきするねこもいます。

7

行動

トイレの後に砂かき□□□ねこもいる

答え合わせ

しない

前の問題と矛盾しているようで申し訳ないのですが、砂かきしないねこもいるんです。ねこの個性も千差万別。ひとすじ縄ではいきません。

排泄後に砂かきをしないのは、あえてウンチやオシッコのにおいを残している場合です。多頭飼いで立場が上のねこに多く、においを残すことで自分の強さをアピールしているのです。

でも、突然砂かきをしなくなったという場合は、足をケガしていたり、トイレの何かが気に入らないなど、他の原因も考えられます。ねこの様子をよく観察してみましょう。

ちなみに、排泄はしないのに砂かきだけするねこも。これもトイレに問題がある可能性があるのでご注意を。

にゃんこ4コマ 気分編

1 ねこは気分屋

2 トイレ掃除のあとは……

8

行動

おしりズリズリ移動は□□に異常あり

答え合わせ

肛門

おしりでも可。下半身も間違ってはいませんが、ちょっと範囲が広すぎますかね。今回は×にしましょう。

おしりをペタンと床につけ、そのままズリズリと移動。かわいらしくもありますが、ねこがこのズリズリ移動をしたときは、**肛門あたりでなにやら事件がおきている予感**。ねこのおしりをチェックしてみてください。

　ウンチがついているだけならいいのですが（床にウンチがつくのはショックですが……）、肛門をかゆがっていたり腫れていたりする場合は、寄生虫や病気の可能性も。また、肛門の左右にある肛門腺に分泌物が詰まっているのかも。ズリズリ移動を繰り返すなら動物病院へ。

行動 9

物をおとすのは□□□□□だけ

答え合わせ

遊んでいる

だいたいは遊んでいるだけなのですが、かまってほしいというのも正解。機嫌が悪いや仕返しといったマイナス感情はありませんよ。

ねこが物をおとすのは、ほとんどの場合、好奇心からです。「なんだこれ？　生きてるの？　触ってみようか」→チョイチョイ→ガッシャーン！　となるわけです。

　おとしたときの音に驚いて二度としないねこもいれば、おとしたときの様子がおもしろくて遊び感覚で何度も繰り返すねこも。中には、おとしたときに飼い主さんがすぐきてくれたことに味をしめ、かまってほしいときに物をおとすねこもいるようです。お気に入りのものは出しておかないに限ります。

行動 10

布団はかけるものではなく□□もの

答え合わせ

乗る

乗る、敷く、座るも正解です。かぶる？　それ、かけるとほぼ同じ意味ですよ。踏む？　ふみふみするだけのねこっているのでしょうか？

野生では葉っぱの上などで休んでいたねこは、何かの上に乗るのが大好き。家でもクッションや座布団などの上でくつろいでいますよね。だから寝るときも、布団の中ではなく、上で丸くなって寝るのが普通なのです。

もちろん、布団をかけて寝るのが好きなねこもいますが、「自分は乗る派ですから」というねこに入ってもらうのは難しいもの。怖いから、暑いから、好きじゃないからなど、入ってくれない理由はいろいろあります。一緒に寝たくても、ねこの心変わりを気長に待つしかありません。

11

行動

袋に顔がはまると□□□□する

答え合わせ

後ずさり

とろうとするなんて当たり前の解答はやめてください。とろうとして後ずさりをするのが正解。バックするでもOKです。

袋に目がないねこたち。袋を発見すると吸い寄せられるように中へと入っていきます。でも、その袋が顔にはまってとれなくなると、今度はバックオーライ。

思わず笑ってしまうしぐさですが、ねこにとっては当然の行動です。ねこにとって袋は穴。穴に入って抜けられなくなったのですから、体を後ろに引けば抜けるはずなのです。まさか脚を使えば抜け出せるなんて、思いもしません。後ろに引けども引けども抜け出せない穴。「入った穴ってこんな深かったっけ?」なんて思っているかもしれませんね。

課題5

飼い主さんへの態度からきもちを読みとろう

飼い主さんのことを親と思うか、家来と思うかはねこによりそれぞれ。でもどんな関係でも少なからず「愛」はありますよ。

にゃんこからの愛され度をチェック！

あてはまるものに○をつけて、合計点を出しましょう。

飼い主さんにスリスリする

- □ いつもする（3点）
- □ ごくたまに（2点）
- □ まったくやらない（1点）

飼い主さんの体の上でフミフミ

- □ いつもする（3点）
- □ ごくたまに（2点）
- □ まったくやらない（1点）

飼い主さんの近くでゴロゴロいう

- □ いつもする（3点）
- □ ごくたまに（2点）
- □ まったくやらない（1点）

おしりを向けて寝る

- □ いつもする（3点）
- □ ごくたまに（2点）
- □ まったくやらない（1点）

診断結果

合計点によって、にゃんこからの愛され度がわかります！

0〜5点 愛され度 30％以下

愛されていないというよりは、飼い主さんに甘えない自立したねこなのでしょう。ベタベタされるのは嫌がりそうなので、一緒に遊んで絆を深めるのがいいでしょう。

6〜9点 愛され度 60％

ねこが甘えたいときにはしっかり甘えられる、ちょうどいい関係。もっと愛がほしい！　と思っても深追いは嫌われるだけ。ねこが甘えてきたときにたっぷりかわいがってあげて。

10〜12点 愛され度 80％以上

おめでとうございます。ねこはあなたのことが大好きです。でもあなたへの依存が強すぎると、あなたの負担が大きくなることもあるので注意しましょう。

対飼い主 1

実は人の□□がわかっている

答え合わせ

言葉

ふふふ。言葉がわかっているとは意外でしたか？　まぁ、なんとなく伝わる程度ですが。あ、気持ちはわかりませんよ。期待しないでね。

キャットフードの袋の音に反応するように、「ごはん」という言葉に反応するねこもいます。そのため会話の中で不用意に「ごはん」といえない……なんていう飼い主さんも。

ねこは興味のないふりをして飼い主さんの言葉をしっかり聞いています。「ごはん」や「おいで」、叱られるときの「コラッ」やほめられるときの言葉なども覚えているでしょう。言葉を理解しているのではなく、「ごはん」のあとに食べ物をくれるなど、音とそのあとに起こる出来事を条件反射で覚えているのです。

2 対飼い主

飼い主について歩いて□□□□確認

答え合わせ

なわばり

なわばり確認以外は、子猫気分でついて回るも正解。だから愛情も○？　でも飼い主さんの愛を確認するわけではないのでやっぱり×。

飼い主さんについて回るときは2つの理由が考えられます。

ひとつは、子猫気分で母親について回っているつもりのときです。とってもかわいいですね。

もうひとつは、なわばり確認。飼い主さんがいると、ひとりでお留守番しているときとは違うことが家の中で起こります。例えば、トイレの水が流れたり、お風呂がモクモクしていたり。普段閉じている扉が開くことも。なわばり内で起きている異変や新しい出来事はチェックしておきたいのです。ちょっと迷惑……いえ、頼もしいですね。

ケンカの仲裁は□□のため

答え合わせ

自分

安心、または平和なんていう答えでもいいですね。いえいえ、決して飼い主さんのためではありませんよ。自分のためです。

ねこはとても平和主義な動物。単独で生活するのも威嚇をするのも、ねこどうしのケンカを避けるためです。一方、飼い主さんがケンカをしていると、鳴きながら間に入ってくるなど、仲裁するような行動をとります。

なんてやさしい……と感動したいところですが、ねこは飼い主さんのために仲裁しているわけではありません。いつもとは違う大きな声やピリついた空気が居心地悪いのです。「うるさいから黙ってくれない?」といった気持ちに近いのでしょう。

歩いて振り返って□□□□□のサイン

答え合わせ

ついてこい

こっちきて、顔かしな、カモ〜ン、いろんなセリフが当てはまりますね。ついてきてという意味のセリフはすべて○です。

少し歩いてはこちらを振り返り確認する。そんな行動をするとき、ねこのしっぽはピンと立っていたりしませんか？

ピンとしっぽが立っていたら、そのねこは母親気分で子猫を誘導しているつもりなのでしょう。「こっちきて、ちゃんとついてきてる？　はぐれちゃダメよ」といった感じ。上から目線ではありますが、飼い主さんを呼んでいるサインです。ぜひついていってあげてください。飼い主さんの足音が気になっているだけの場合は、ストップすれば、サッとどこかへ行ってしまいます。

対飼い主 5

なでたあと、決まって□□□□□□

答え合わせ

グルーミング

毛づくろい？　もちろんOKです。ねこパンチ？
あぁ、お宅はそんな感じなんですね。でも×。
ねこにウザったいと思われてますよ！

触った場所をわざわざグルーミングされると、「触り方がなってないのよね……」とダメ出しされている気持ちになりますが、そんなに落ち込む必要はありません。

ねこが気にしているのはにおいです。なでられたことで飼い主さんのにおいが強くなってしまったので、「もう少し自分のにおいをつけておこう」という気持ちなのです。乱れた被毛を整える意味もあるので、ダメ出しともいえるかもしれませんが。ただ、飼い主さんのにおいを味わっているという説もあります。

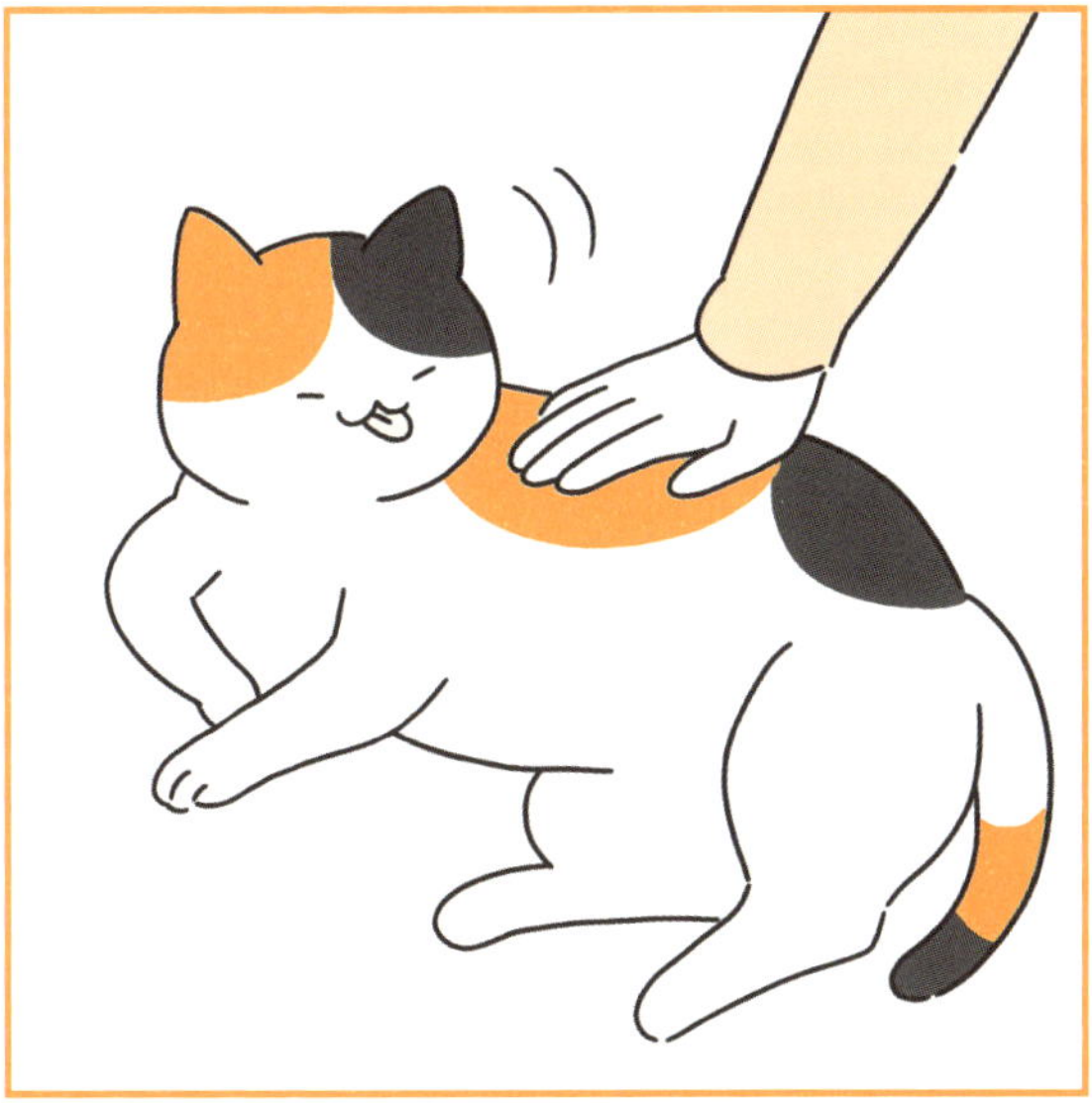

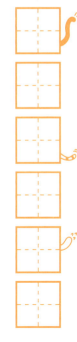

6 対飼い主

お見送りは□□の延長

答え合わせ

遊び

ズバリ、遊びの延長です。ねこによっては、なわばりのパトロール的な意味があることも。どちらでも正解です。

ねこがお見送りするときって、出かける前から飼い主さんのあとをついて回っていませんか？ **ねこは忙しく動くあなたと遊んでいるつもりなのです**。追いかけっこでもしているつもりなのでしょう。**玄関まできてピタッと止まるのは、なわばりの境界線だから**。つまり、遊んでいたらなわばりギリギリまできちゃったというのがお見送りの本当のところ。中には飼い主さんと一緒になわばりをパトロールしているつもりのねこもいます。どちらにしても、さみしいという気持ちはなさそうです。

7 対飼い主

□□□を向けて寝るのは信頼の証

答え合わせ

おしり

正解は**おしり**です。あ、人間界では**足**を向けて寝られない……なんていうみたいですね。ねこ界ではいわないので×。

ゴル○13が「おれの背後に立つな」なんてセリフをいいますが、警戒心の強いねこも「その気持ちわかる」と共感することでしょう。

多くの動物にとって死角となる真後ろは無防備になるので、よほど信頼している相手でないと背後をとらせません。つまり、飼い主さんにおしりを向けて寝るのは信頼している証拠なのです。もちろん、「背後は任せたぜ」なんてことまで考えているわけではなく、「後ろに何かあると安心するニャ〜」と感じているだけなのでしょうが。

対飼い主 8

面倒な呼びかけには□□□でお返事

答え合わせ

しっぽ

しっぽが正解。場合によっては、目をゆっくり閉じてお返事することもありますが、ここではしっぽの説明をさせてくださいませ〜。

名前を呼んだら「ニャ〜ン」とお返事してくれるときと、絶対聞こえているはずなのに無視をされるときとがあります。さすが気まぐれねこ！　でも、よく見るとしっぽだけパタパタと振っていることも。明らかに面倒くさそうですが、これもお返事のつもりです。

このときのねこは、親猫気分のとき。「かまって、かまって」といってくる子猫（飼い主）を、「はいはい」としっぽであしらっているのです。ちなみに、鳴いてお返事してくれるときは、子猫気分のときです。

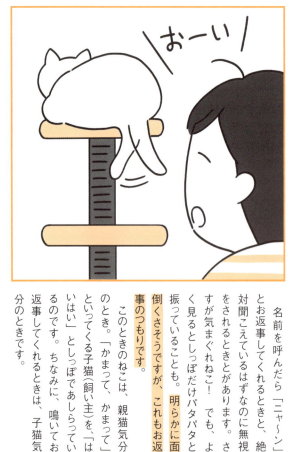

にゃんこドリル

応用問題 ▸▸▸（科目）しっぽが表す気持ち

問》次のうち、友好的な気持ちを表すしっぽに○をつけよ

○ まっすぐ

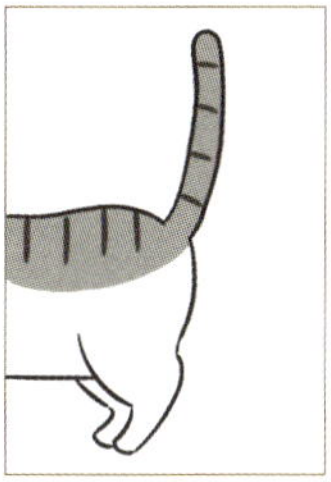

大好き♡

POINT

しっぽをまっすぐピンと立てるのは、甘えたいとき。もとは、母猫が子猫のおしりをなめるときに子猫がやるしぐさなのです。子猫がはぐれないよう、母猫が目印代わりにすることも。

× 左右に振る

イライラ

POINT

早いテンポで左右に大きく振ったり、床に叩きつけたりするときは不機嫌なとき。イライラしているので、そっとしておきましょう。

× 股の間にしまう

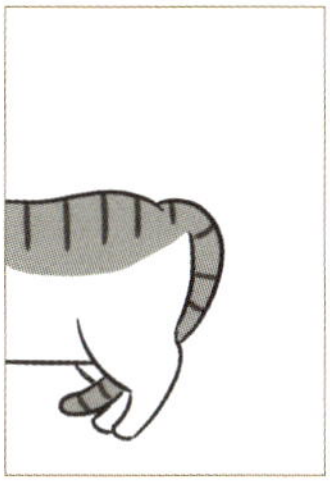

怖い!

POINT

しっぽを脚の間に挟み込んでいるのは、怖い相手を前に、しっぽを守ろうとしているから。「わたしは弱いです」と自分を小さく見せる意味もあります。

× 毛が逆立つ

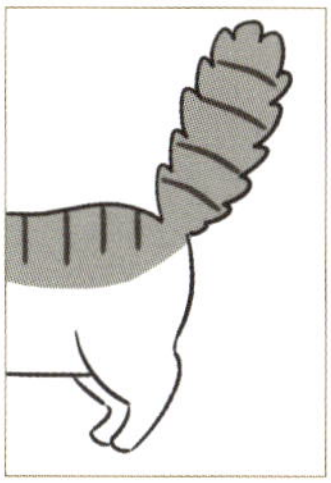

びっくり!

POINT

しっぽの毛が一瞬でボンッと逆立つのは、びっくりした証拠。得体の知れないものへの無意識の威嚇でもあります。気持ちがおさまると毛も元通りに。

○ 逆Uの字

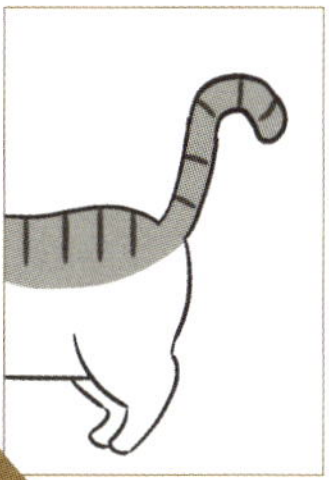

遊びたい!

POINT

逆Uの字型にするのは、子猫がきょうだい猫を遊びに誘うときにするサイン。こんなしっぽで近づいてくるときは、思う存分遊んであげましょう。

△ 痙攣する

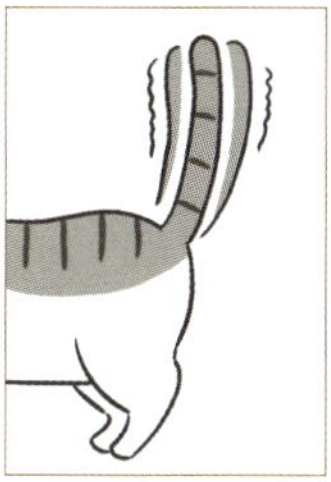

コーフン!

POINT

しっぽの先がプルプルッと震えるときは、何か興味のあるものを発見して興奮しているとき。「やった!」という気持ちがプルプルッと出てしまうのです。

9 対飼い主

□□□に寝転んでかまってアピール

答え合わせ

目の前

かまってアピールという大ヒントが出ているので簡単ですね。答えは目の前。飼い主の前とか、少しいい方が違ってもOKです。

お腹を見せて寝転がり、ちょっかいを出すように前脚をチョイチョイと動かす。これは子猫が他のねこを遊びに誘うときのサインです。これを飼い主さんの前でやるのは、もちろん「遊ぼう」と誘っているのです。

ただ、前脚でチョイチョイまでしなくても、ねこはたびたび飼い主さんの前にドーンと転がってくるもの。本や新聞を読んでいるときにその上に乗ってくるのも、「遊んで」や、「暇ならかまってよ」という感じ。せっかくのアピールですから、応えてあげましょう。

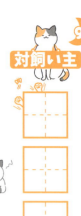

10
対飼い主

ねこも□□□□をやく

答え合わせ

やきもち

お・さ・か・な、おぉ！　ぴったり4文字……って違いますよ。世話？　世話もやきますが違います。正解はやきもち、ジェラシーです。

「ねこは単独行動の動物だから、やきもちなんてやかないでしょ」と思ったら大間違い。普段そっけない態度のねこでも、例えば飼い主さんが新顔ねこに付きっきりだとイライラしたり、急に飼い主さんへの独占欲が増すことも。

ねこは環境の変化にはとても敏感です。飼い猫にとって飼い主さんは、生きていくのに欠かせない存在。飼い主さんの注意が自分に向いてないということは、今までの安心な環境が脅かされているということ。生存危機を感じているのかもしれません。

11
対飼い主

自分を□と思っているねこが多い

答え合わせ

人

ねこという答えは当たり前すぎ。正解は、人。犬やウサギなど、ほかのペットの場合もあるかもしれませんが、「多い」とは言えないので×。

最近はねこ付き合いが下手な飼い猫が多いようです。といっても、シャイなねこが増えているわけではありません。ねことの接し方がわからない、もっといえば、ねこに興味がないことも。

原因は自己認識の誤り。ねこを含め動物は、幼いころ（ねこなら生後9週目くらいまで）に一緒にいた動物を仲間だと思います。そのため、**生後すぐ親きょうだいと離れ、人と暮らしたねこは、自分の仲間は人、つまり自分も人だと思い込み成長するのです**。一緒にいたのが犬なら、自分を犬だと思うでしょう。

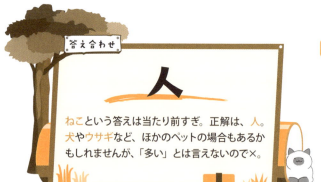

対飼い主 12

遊んでいたのに突然□□□□□□！

答え合わせ

かみつかれた

無視されたは日常茶飯事ですから、問題にするまでもありません。正解はかみつかれた。攻撃されたでも正解です。

かむのは怒っているからではありません。むしろその逆。遊びが楽しすぎて、つい無我夢中になってしまっただけなのです。

ねこにとって遊びは狩り練習でもあります。子猫どうしの遊びでも、追いかけっこ、じゃれあい、取っ組み合いと展開し、最終的に首筋にかみつくことも。

かみつかれるまでねこを夢中にさせるなんて、遊び上手の証拠。ねこからお墨付きをいただいたと自慢してもいいくらいですが、かみグセがつかないよう、ねこのボルテージが上がってきたらおもちゃで遊ぶなどの対処を。

ごっこがしたくて攻撃！

答え合わせ

ケンカ

ケンカごっこや追いかけっこなど、要するに一緒に遊びたくてというのが正解です。食事がしたいときは攻撃ではなく呼んでいるだけです。

ねこが飼い主さんを遊びに誘うときは、目の前にごろんと寝転んで誘う（130ページ）よりも、もっと直接的なアプローチをしてくることがあります。

突然のねこパンチやかぶりつきは、まさにそれ。一回叩いてピューッと逃げる、まるでピンポンダッシュのような行動も、イタズラをしているわけではなく、追いかけてくれるのを待っているのです。かわいいではありませんか。ちなみに、体を斜めにして威嚇しながら向かってくるのも「ケンカごっこしようぜ！」のお誘いです。

にゃんこ4コマ
飼い主さんと編

1 狙い変更

2 通り道

対飼い主 14

手をかんだあとなめるのは□□のため

答え合わせ

味見

反省？　それってなんのことですか？　わたしたちの辞書にはそんな言葉のっていません。かみついたあとにすることといえば味見です。

かんだ手をペロペロとなめるねこ。飼い主さんとねこの気持ちがかなりすれ違うシーンです。

飼い主さんはねこが反省していると思い、ペロペロなめる姿に感動すら覚えることも。「ありがとう。大丈夫だよ」なんて感謝していませんか？

一方ねこは、獲物を捕った気分になっています。獲物を味見するつもりでなめているのです。

もし言葉が通じたら、ねこは飼い主さんの感謝のセリフを「（かんでくれて）ありがとう、（食べて）大丈夫だよ」と解釈するかもしれませんね。

対飼い主 15

捕まえた獲物を見せるのは□□から

答え合わせ

親心

ちょっと難しかったでしょうか。親心なんて言葉、なかなか出てきませんよね。親気分でもOKですよ。自慢ではありませんからね。

野生では、母猫がしとめた獲物を子猫にあたえたり、ときには子猫がとどめを刺すよう生きたままあたえたりして、狩りの方法を教えます。ねこが飼い主さんの前に獲物をもってくるのは、まさにこの、子猫の世話をしている母猫の気分だと考えられます。

ただ、これがオス猫の場合、野生でも子育てをしないのに、親気分で獲物をあたえるでしょうか？　狩りをしたのはいいけど、食べる気がないから置いただけということもあるかもしれませんね。

課題6

にゃんこどうしの関係から きもちを読みとろう

ふだん群れたりしないおれたちにだって、ねこ付き合いのルールがある。でもさほどシビアな世界じゃないぜ。何事も自由でゆる〜いのがねこ流さ。

ねこの社会はゆるい上下関係

ねこ社会は、強いボス以外はみんな同列。また、その場の立ち位置や気合によって優越は変動します。ボスねこも一目置かれているけど、絶対的なリーダーではないのです。

ボスねこの特徴

地域で一番強いねこがボスになります。未去勢のオスが多く、他のねこより体が大きいのが特徴。エサや快適な場所の優先権があるだけで、メスを独占するわけではありません。

ねこ社会のおもなルール

なるべく会わない

ねこは基本的にはお互いに干渉しないのがルール。鉢合わせしそうになったら行先を変えたり身を隠してやりすごしたりします。

目を合わせない

もし、バッタリ出会ってしまっても、目を合わせず知らんぷり。目を合わせるのはケンカを売っていることになるのです。

1 対にゃんこ

毛づくろいは□□表現

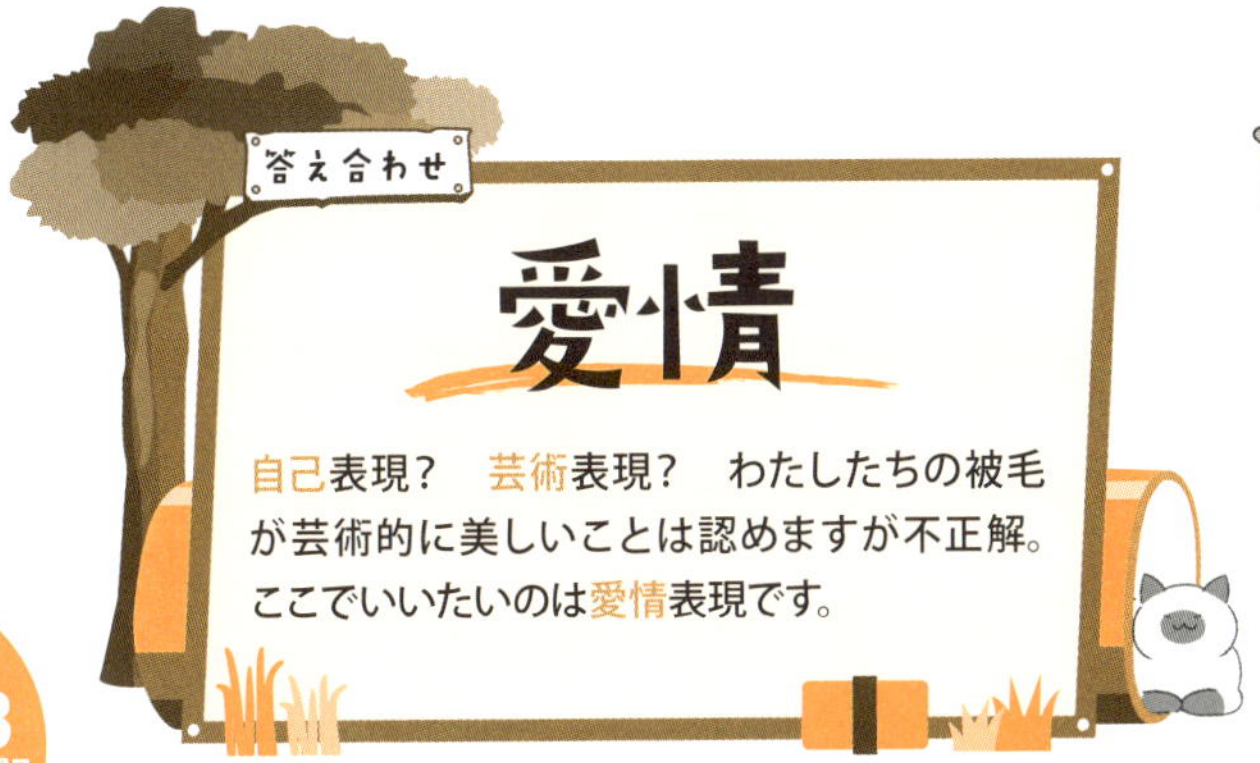

愛情

自己表現？　芸術表現？　わたしたちの被毛が芸術的に美しいことは認めますが不正解。ここでいいたいのは愛情表現です。

子猫のころ、母猫からたくさん毛づくろいしてもらったねこは、情緒が安定し成長も早いといいます。ねこにとって毛づくろいは、それだけ癒し効果のあるもの。ですから、ねこは癒してあげたい、または癒してもらいたいという相手と毛づくろいをします。

また、自分のにおいを相手につける意味もあるようです。先輩ねこが新入りねこに自分のにおいをつけて優位を主張したり、お互いのにおいを混ぜ合わせることで安心感を得ようとしたりするのです。

2 対にゃんこ

シンクロするほど□□□□

答え合わせ

仲がいい

大好きとか、信頼しているという答えも正解です。シンクロするほどミラクル？　ゴロはいい感じですが、ミラクルってほどではありません。

ねこは子猫時代、母猫やきょうだい猫などの近くにいるねこの行動を見て、生きる術を身につけます。つまり、**もともと親しいねこのまねをする習性をもっているということです**。

ですから、一緒に生活するねこと行動が似てくるのは当然のこと。しかも、環境や生活サイクルも同じなのですから、仲がよければ同じ時間、同じ場所に移動するなど、シンクロ率はよりアップします。

シンクロは偶然の産物ではなく、仲よしの証拠というわけですね。

にゃんこ4コマ

仲よし編

1 特等席は争奪戦

2 そこに毛玉があれば

□□□が変われば知らない相手

答え合わせ

におい

見た目？　とんでもない。わたしたちは見た目でねこを判断したりしませんよ。大切なのは心……ではなく、においです。

仲がよかったはずなのに、突然、ねこAちゃんがねこBちゃんを威嚇するようになった。そんなときは、においが原因かも。

ねこが物の認知をするときは、視覚ではなく聴覚が頼りになります。飼い主さんや、知っているねこ、知らないねこ、すべてにおいで見分けているのです。いえ、かぎ分けているのです。だから、毎日顔を合わせるねこでも、お風呂に入ったあとや動物病院帰りなど、違うにおいをまとっていると「お前、何者だ!?」となるわけです。においが混ざれば元通りになるでしょう。

□をくっつけるのがねこ流あいさつ

答え合わせ

鼻

ねこを飼っている人なら、鼻で笑っちゃうくらい簡単な問題だったのでは？　そう、答えは鼻。飼い主さんにもよくやりますよね。クンクン。

顔見知りのねこ、仲のいいねこの間では、出会ったときにするあいさつがあります。それが通称「鼻キッス」。

まるでニュージーランドのマリオ族のあいさつのようですが、ねこの場合は鼻をつけているわけではなく、においをかいでいるのです。「どうも、どうも、さてあなたは誰かな?」といった具合に、鼻周辺からにおいをかぎあい、首からわき腹、おしりへと移動していきます。こうしたにおいかぎで、お互いの認識だけではなく、いろいろな情報交換をしているといわれています。

5 対にゃんこ

外で見知らぬねこと会ったら□□する

答え合わせ

無視

あいさつ？　そうですね、できたらわたしもそんな関係を目指したいですが、野生ではありえません。無視や知らんぷりが正解です。

いくら単独行動をするとはいえ、街に住むねこはなわばりがかぶってしまうもの。お互いパトロール中にバッタリ会うたびになわばり争いをしていたのでは、命がいくらあっても足りません。そこでねこたちが編み出した策が、知らんぷり。なわばりがかぶっていても、そこは容認し、できるだけ出会わないようにしているのです。

もし出会ってしまった場合でも、ケンカをしたくなければ、お互い目を合わせず、気づかないふりをして通り過ぎるのがマナーです。

Help 緊急のお便り

夜のお散歩が心配……！

飼い主のAさん

うちのハッチ、ときどき夜にいなくなるな～と思っていたら、どうやら公園に行っているみたいなんです。公園には他のねこもいっぱいいて。ケンカでも始まるのでしょうか？

ねこたちによる夜の集会だから心配無用だニャ

ロイ校長

お答え

2匹で体を寄せ合い、リラックス。
親密な関係なら、お互いを毛づくろい。
1匹で過ごして、他のねこたちの様子を見る。

のら猫や外を散歩するねこは、なわばりが少しずつかぶっているもの。そんなねこたちが集まるのが夜の集会です。集まるねこたちは、いい距離感を保っていますが、繁殖期にはメスをめぐる争いや、交尾の場になることも。ケンカや妊娠が心配なら、外に出さない方が賢明です。

気ままなゆる～いご近所づきあいが好きなんだ～。シロ美ちゃんにも会えるし♡。でも、繁殖期だけ外出禁止なんだ。

6 対にゃんこ

ケンカの最初の一手は□□□□□

答え合わせ

ねこパンチ

攻撃にはねこキックもありますが、やはり最初はねこパンチからですね。わたしたち、前脚が器用で爪も出るので、けっこう痛いのですよ。

ねこの前脚は、鎖骨と肩の関節がつながっておらず固定されていないため、前後左右、かなりの稼働域を誇ります。だから狩りやケンカでも前脚は大活躍。

　ケンカのときには、まずねこパンチの応酬から始まります。「やんのか？　コラ」パンッ→「やったな！　コラ」パパンッ→「本気で怒らしたな」スパパパンッ……というように、パンチは徐々にエスカレートし、とっ組み合いへと発展していくのです。子猫時代から母猫のしっぽで遊びながら鍛えられてきたねこパンチは、なかなかの威力です。

対にゃんこ 7

ねこどうしのケンカには□□□□□□がある

答え合わせ

ルール

順序、やり方、決まりといういい方でも正解です。仁義は、ちょっと違うような……。情け？ちょっとある気もするので△でしょうか。

極力ケンカをしたくないねこたちですが、どうしても避けられない戦いもあります。例えばメスをめぐる戦いや、ねこ界のルールを無視する不届き者への教育的指導など。

でも、ケンカにも命を落とさないためのルールが存在します。

①まずは威嚇で意思確認
②歩み寄り体勢を整える
③とっ組み合い中でも一方が休憩中は一時休戦
④うずくまったほうが負け。それ以上の手出しは厳禁

人どうしのケンカよりも、よっぽど理性的ではないですか？

8 対にゃんこ

ねこどうしにも□□□□がある

答え合わせ

相性

相性、好き嫌いが正解。ジェネレーションギャップ？　まぁ、あるかもしれませんが、ここの答えには相応しくありませんね。

なわばり意識が強いねこですが、十分な食事と安全な住処があれば、同じなわばり内でくらすことができます。そもそも、飼い猫はいつまでも子猫気分を残しているので、きょうだいのように楽しく過ごすこともできるでしょう。

と、理屈上ではそうなのですが、ねこだって個性がある生き物です。理屈では説明できない相性というものがあるのも事実。オス、メス、子猫、成猫、相性のいい組み合わせの傾向はありますが、実際は一緒にくらしてみないとわかりません。

にゃんこドリル

応用問題 ▸▸▸（科目）多頭飼いの相性

問》次のうち、相性のいい組み合わせに○をつけよ

◎ 親猫×子猫

いつまでも仲よし親子 POINT

野生なら子離れ、親離れしますが、飼い猫の場合、自立する必要がないので、いつまでも仲よくくらせる組み合わせです。

✕ 成猫オス×成猫オス

なわばり争い勃発!? POINT

オスのねこはなわばり意識が強いので、ケンカが起きやすい組み合わせ。両者とも去勢していればなわばり意識が弱まるかもしれませんが、ゼロにはならないでしょう。

○ 成猫オス×成猫メス

子どもが生まれちゃうかも POINT

相性はいいでしょうが、避妊、去勢をしていないと、あっという間に子どもができてしまう可能性が。繁殖 OK なら、いい夫婦になれるかもしれません。

○ 成猫メス×成猫メス

穏やかに暮らしてくれる POINT

メスはオスほどなわばり意識が強くありませんが、ケンカをする可能性も。でも、うまく折り合いをつけることができれば、平和な共同生活を送れるでしょう。

△ 老猫×子猫

老猫ぐったり…… POINT

子猫のやんちゃぶりに老猫が疲れてしまう可能性大。老猫にとってストレスになってしまうこともあるので、飼う場合は会わせる時間を限定するなどの配慮を。

△ 成猫×子猫

成猫優先の気配りが大切 POINT

子猫ばかりをかまってしまうと、成猫がやきもちをやいてしまうことがあります。成猫優先でケアできれば、成猫も子猫の面倒を見るなどうまくいくことも。

答え合わせ

ごはん

そうね、愛って答えが入るとステキ。不正解だけど。やっぱりわたしたちは愛よりごはんをとってしまいますから。ごはん、ほしいニャ〜！

他のねこの□□□がほしくなる

同じフードを同じ量出しても、なぜか他のねこが食べているフードが気になってしまうねこたち。

多頭飼いのお宅では、ねこたちが各フード皿を回って食べ歩く、逆中華テーブルのような食事風景が繰り広げられます。

でも、それも当然かもしれません。飼い主さんは1頭につき1皿のつもりであたえているかもしれませんが、ねこにしてみれば、「あっちにもこっちにもごはんが出てきた」という状況。とりあえず、目についたものは食べてみないと気が済まないのでしょう。それが野生の本能です。

KURASU

にゃんこ と くらす

NYANKO DRILL

4時間目

ねこと一緒にくらすために、知っておいてほしい17問。
ねこたちが快適にくらすためのカギを握るのは、
あなたです！

やめられない、とまらない

アタチは、猫用ミルクが大好きでしゅ～♡
ああ～それもいい～♡
たぼし
あんた食べてばっかりね！
そういえばふく男くん、最近ちょっとデブだよね
え!?……
ポッコリ
そんなストレートに……

くらし 1

□□□□□に登れると安心

答え合わせ

高いところ

これ、ほぼ答えが出ちゃってますね。登れるといえば、高いところ。キャットタワーなど高い場所を限定している場合は△です。

机の上、棚の上、冷蔵庫の上、和室の天袋の中、気づけば高いところで落ち着き、下々の者を見下ろしている（ように見える）ねこ。もちろん見下しているわけではありません。高い場所のほうが周りの状況を把握しやすく安心できるのです。

ねこ界のルールでは、高い場所にいるねこのほうが立場が上と認識されます。多頭飼いの場合は、キャットタワーの一番上を陣どっているねこが、一番強い立場のねこ。立場が下のねこは、強いねこがくるとスッといい場所を譲るのです。

室内のドアは□□□おこう

答え合わせ

開けて

開けてか閉めての２択ですね。答えは開けて。外してでもいいかって？　外すのは自由ですが、そこまでする必要はないのでは？

なわばり内をぶらぶらするのは、ねこの日課であり楽しみでもあります。「異変はないかな？」とパトロールしたり、「気持ちよく昼寝のできる場所はあるかな～？」と、快適な温度の場所を探したり。家の中はねこにとって大切ななわばりです。だから、お風呂などの危険な場所を除き、自由に出入りできるようにしてあげましょう。

　ちなみに、扉が閉まっていても、自分でドアを開ける術を身につけているねこもいます。恐るべし、ねこの執念。あなたのねこもある日突然、扉を開けるかも。

くらし 3

ねこはみんな□が大好物

答え合わせ

肉

魚と答えた方、２時間目からやり直しです。再三申し上げましたが、われわれは肉食なんです。まぁ、魚も「魚の肉」なので△ですけどね。

ねこにとって肉は好き嫌いで語るレベルではありません。小さくたって立派な肉食動物。体も肉を食べるのに適したつくりになっているのです。

例えば、食べ方を見ても肉食仕様。肉は消化がいいので、咀嚼するための歯がなく、食べ物はほぼ丸飲みスタイル。敵に奪われないうちに素早く食べます。消化管も草食動物より短く、盲腸はほとんどありません。当然、雑食の人とは必要な栄養素も食事スタイルも異なります。飼い主さんはねこに適した食事をきちんと理解しあたえましょう。

くらし 4

ねこが味に飽きることは□□

答え合わせ

ない

あるか、ないかといったら……はい、ないです。飽きはしませんが、新しいものがきたらやっぱりそっちが気になります。人もそうでしょ？

ねこは突然ごはんを食べなくなることがあります。フードに飽きた？　と思いがちですが、そうではありません。そもそも野生では、「この味、飽きちゃった～」なんて贅沢はいっていられませんよね。また、ねこは味に敏感な動物ではありません。

食べない原因は、ムラ食いの習性にあるのかも。体調を整えるために食べなくなることもあるので、しばらく様子を見ましょう。すぐ食事を変えると、「食べなければいいものが出てくる」と学習し、要求するようになることもあるので注意を。

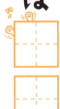

食事は□□□□□と□でよい

答え合わせ

総合栄養食/水

水は絶対に外せません。総合栄養食……って、カリカリのことでしょうか？　カリカリなら正解です！　ねこまんま？　それはダメです。

ねこは肉食ですが、生肉だけあたえていればいいわけではありません。**理想の食事はネズミ丸ごと一匹。**野生では、**肉のタンパク質以外にも骨や内臓からいろいろな栄養素を摂取していました。**それを自宅で用意するのは難しいですよね。

でも大丈夫。現代のねこにはキャットフードという強い味方があります。とくに**「総合栄養食」と書かれたドライフードは、ねこに必要な栄養をバランスよく含む優れもの。**基本的には総合栄養食とたっぷりの水だけで健康に生きられるのです。

Help

緊急のお便り

ちょっと、太りすぎ!?

飼い主のBさん

あれ？　ふく男ってこんな大きかった？　ごはんをほしがるでしょ、あげるでしょ、食べるでしょ、それを繰り返していたらいつの間にか……。

飼い主さんのせいでもあるニャ！

ロイ校長

お答え

野生のねこはいつ獲物がとれるかわかりません。だから、食べられるときに食べておくのがねこ。運動（狩り）をしていなくても、お腹がそんなにすいていなくても、そこにあればとりあえず食べてしまうのですから、食事の管理は飼い主さんの責任です。運動量や年齢に合ったフードを、決められた分量、あたえましょう。おやつのあたえすぎは、あっというまに太るので、とくに注意。一度太ってしまうとダイエットをするのは大変です。

体重計をイヤがるねこは……

肥満を防ぐためには日ごろの体重管理が大切。体重計をイヤがるねこの場合、飼い主さんがねこをだっこして量った体重から飼い主さんの体重を引いて、ねこの体重を割り出しましょう。

え!?　うそでしょ？
ぼくって、太ってたの!?　え？
ごはんが少なくなる？　そんな〜〜。
急に少なくしないでよ〜（泣）。
にぼし

6 くらし

人の食べものは□□□□なことがある！

答え合わせ

危険

美味!?　そう、人の食べものっておいしくてクセになります〜って違います！　答えは危険。もっといえば毒になることもありますよ！

飼い主さんが食事をしていると、キラキラの目で見つめながら「ニャ〜ン」とおねだりするねこ。こんなときばっかり……とわかっていながらも、食べものをあげたくなってしまいます。

でも、人の食べものはねこにとって味が濃いうえに、毒となる食材も多くあります。安全な食材も、「人の食べものっておいしい！」と学習してしまうと、カリカリを拒否したり、こっそり人の食べものを盗み食いをして、毒となる食材を食べてしまう可能性も。いろんな意味で人の食べものは危険なのです。

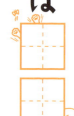

にゃんこドリル

応用問題 ▶▶▶（科目）ねこが食べてはいけないもの

問）次のうち、ねこが食べると危険なものすべてに○をつけよ

チョコレート

中毒死の可能性も！ POINT

カカオに含まれる成分が中毒症状を引き起こします。嘔吐、下痢、痙攣、発熱など。大量に食べると死に至ることもある危険な食べ物。

アジ

青魚は危険！ POINT

アジの他、イワシ、サンマ、サバ、マグロなどの青魚は量に注意。生のものを多量に食べると、ビタミンE不足になってしまいます。

玉ネギ

ネギ類は少量でも危険 POINT

玉ネギ、長ネギ、ニラ、ニンニクなど、ネギ類は貧血や腎障害を引き起こし命にもかかわります。加熱しても危険成分はそのままなので、料理に入ったものにも注意を。

イカ

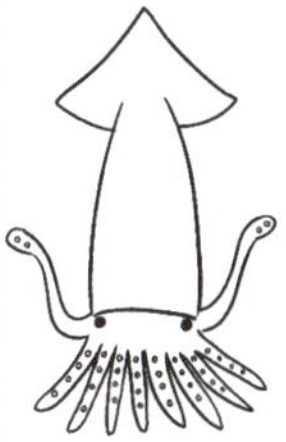

生のイカ、タコもNG POINT

そもそも生のイカやタコは消化不良を起こしやすく、生のものを多量に食べると、ビタミンB_1欠乏症になります。ビタミンB_1が不足するとかっけの症状を起こすことも。

アワビ

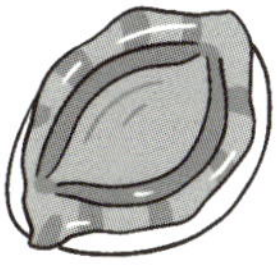

耳がおちる!? POINT

「ねこにアワビを食べさせると耳がおちる」というのは俗説ですが、アワビに含まれている物質が皮膚炎を引き起こすことがあります。

アボカド

中毒性が高い POINT

アボカドは人以外の動物には中毒性が高い食材だといわれています。ねこが食べると麻痺や呼吸困難を引き起こすので、危険度が高いのです。

くらし

ねこは□□□□食いがふつう

答え合わせ

ダラダラ

ダラダラで正解ですが、もっと上品ないい方ってないでしょうか？　気まぐれランチみたいな。え？　つまみ食い？　それは違います。

食事は朝、夕と1日2回くらいに分けてあたえるのが理想ですが、当然、野生では規則正しい食事なんてできません。食べられる日もあれば、食べられない日もあります。狩りに成功したとしても、ゆっくり食べていると盗られてしまうので、少し食べて、あとは隠しておく場合も。

つまり、ねこはダラダラと食べるのがふつう。1日の摂取カロリーが守られていれば、何回に分けて食べても問題なし。ただ、餌を出しっぱなしにするのは衛生的によくないので、時間を決めてあたえるといいでしょう。

くらし 8

おやつは1日の食事量の□%に

答え合わせ

10

50%に……あ、すみません。つい欲望が出てしまいました。50%は間違いで、正解は10%です。悲しいけど健康のためです。

カリカリ（総合栄養食）に比べ、「一般食」や「副食」と表示されている、いわゆる〝おやつ〟は、味も香りもねこにとってはごちそう級。ほしくておねだりしてしまう気持ち、そしてそのおねだりに屈してしまう飼い主さんの気持ちもわかりますが、食事の乱れは体重の乱れです。

ねこの健康とスリムな体型を維持するには、おやつは1日に必要な食事量の10%以内にとどめておきましょう。ぽっちゃりねこも魅力的ですが、肥満は万病のもと。飼い主さんが気を付けてあげましょう。

9 くらし

爪とぎはねこによって□□がちがう

ねこにとって爪とぎは本能（56ページ）。爪とぎへのこだわりは並々ならぬものがあり、気に入った場所での爪とぎを止めさせるのは至難の業です。

爪とぎと上手につき合っていくには、そのねこの好きな爪とぎスタイルを突き止めるしかありません。どんな場所で、どんな姿勢で、どんな素材で爪とぎをしたがるのか、地道に調査し、好みのスタイルで存分に爪とぎできる場所をつくってあげましょう。そうすれば、お気に入りの家具を守ることができる……かもしれません。

答え合わせ

好み

姿勢、場所、頻度など、具体的な違いを入れた方も正解としましょう。方法？　爪とぎの方法はみんな一緒なので×です。

爪とぎをしていても□□□は必要

答え合わせ

爪切り

まさか「爪のお手入れはねこ任せ」なんてことありませんよね？　爪とぎで爪は丸くなりませんよ。**爪切り**しないと鋭くなるばかりですよ。

56、57ページでも説明しましたが、ねこの爪とぎは、古い爪をはがして、爪を新しく鋭くすることが目的です。一方爪切りは、鋭い爪では危ないので、尖った先をカットするのが目的。

野生では鋭ければ鋭いほど役立つ爪ですが、残念ながら室内では無用の長物。無用どころか、家具やカーテンに引っ掛かり、ねこ自身が危険な目にあうこともあります。ですから、室内飼いのねこには爪切りが必須です。ただ、爪切りが苦手なねこも多いので、無理強いせず少しずつ行いましょう。

11

くらし

トイレはねこの数□□あるといい

答え合わせ

+1

「だけ」と入れたくなりますが、おしい！　+1あると安心なんです。だって、トイレを洗っているときに行きたくなったら、どうすれば？

トイレが複数必要な理由、それは、ねこが汚いトイレには入らないから。

ねこの1日の排泄は、個体差はありますが、オシッコが2～4回、ウンチが1回くらいです。排泄後、汚れた部分をすぐ掃除できる環境ならいいのですが、昼間留守にする場合、ねこは何度か排泄を我慢することになるかもしれません。我慢できず他の場所で粗相をすることも。**我慢はねこの病気のもと、粗相は飼い主のストレスのもとです。**生活環境に合ったトイレの個数を用意してあげましょう。

くらし 12

ねこのオシッコは犬の約20倍

答え合わせ

くさい

え⁉　くさい？　くさいが正解ですか？　そうですか……。わたしはてっきりステキが正解かと。そんなにくさいですか？

残念ながら、ねこの排泄物はくさいです。人も肉を食べるとウンチがくさくなりますよね。ねこは肉食動物ですから、当然ウンチはくさいです。そして、もとは砂漠でくらしていたため、ねこの体は水分をたくさんとらなくてもいいようにオシッコが凝縮されます。つまり、オシッコも濃くてくさいのです。

わたしたち人がくさいと感じたら、嗅覚の鋭いねこはその何万倍もにおいを感じとっているはず。汚れたトイレを使いたくないねこの気持ちにも、うなずけますね。

□□□のあとはハイテンション

鳴いたり、走ったり、猛烈に爪とぎしたり、ウンチの前後にいきなりハイテンションになる通称ウンチハイ。これはいったい何の意味があるのでしょうか？

実は明確な理由は分かっていません。有力なのは、ウンチ中は無防備になるため、緊張＆興奮スイッチが入ってしまうという説。野生時代は、くさいウンチをすると敵に見つかるかもしれない、ウンチ中に襲われるかもしれない。だからウンチをしに行くには気合が必要だったのです。その習性が残り、興奮してしまうのかもしれませんね。

答え合わせ

ウンチ

狩りという解答も当てはまるのですが、トイレ、オシッコという問題の流れを考えたら、ここはウンチを入れたいところです。

Help 緊急のお便り

トイレ以外で粗相しちゃう

飼い主のCさん

えぇ～、うそ～ん。またウンチ踏んじゃった。あ！ あっちにオシッコも！　最近、うちのルル、トイレ使ってくれないんです。忘れちゃったの？

トイレが悪いニャ！
それか、病気の可能性も……？

ロイ校長

お答え

ねこの理想のトイレ

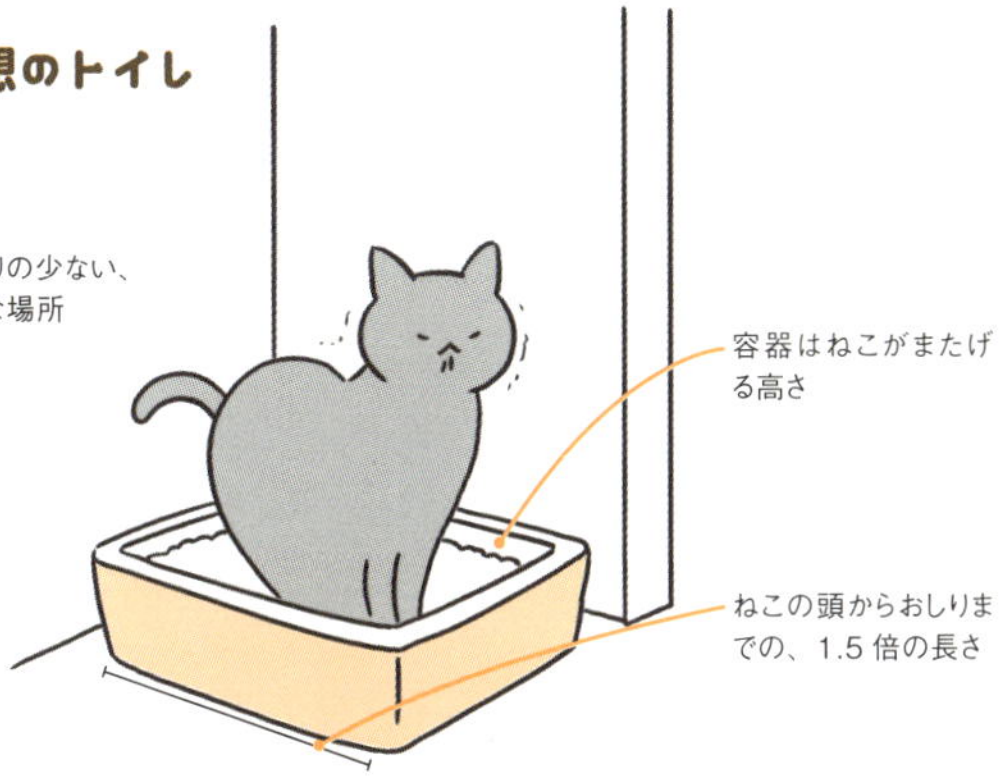
人通りの少ない、
静かな場所
容器はねこがまたげる高さ
ねこの頭からおしりまでの、1.5 倍の長さ

わたしたち、記憶力には自信があるので忘れるはずはありません。でも、記憶力がいいあまり、トイレでイヤなことがあると寄りつかなくなります。怖い思いをしたとか、痛い思いをしたとか。あとはトイレが汚い、狭い、砂がなんかイヤとか、トイレに原因があるのでは？　もしくは……トイレに間に合わなかったとか。その場合は病気の可能性もあります。

アタチ悪くないでしゅよ！ 好きでその辺にしているわけじゃなくて、快適なトイレしか使いたくないんでしゅ～（泣）。

14 くらし

ねこは□□□□□生活がお好き

答え合わせ

規則正しい

自由気まま、のんびり、食っちゃ寝……って、ええ!?　ねこってそんなイメージ？　全部不正解ですけど！　正解は規則正しいです。

好きなときに寝て遊んで、ねこって自由〜と思っていませんか？　確かに自由ですが、決してぐうたらではありません。

ねこは、人とは違うサイクルで規則正しい生活を送っています。野生なら狩りに出かける明け方と夕方がもっとも活動する時間。食事や運動は朝と夕方にして、日中と深夜はぐっすり眠ります。でも、飼い猫は飼い主さんの生活リズムに引っ張られるもの。飼い主さんが不規則だとねこの生活サイクルも不規則になり、健康を害することもあるので、気を付けてくださいね。

15

くらし

□□□□□□□に慣れさせよう

答え合わせ

キャリーバッグ

このご時世、いろいろな「もしも」が考えられるので、いろんなフード、動物病院なども OK。でもどんなときでもキャリーバッグは必須です。

動物病院へ行くときや災害時など、室内飼いでも、外出が必要なときがあります。そんなときの必須アイテムがキャリーバッグです。

本来、ねこは箱や袋が大好き。でも、キャリーバッグが苦手な子が多いのは、動物病院などの怖い思い出とセットでインプットされてしまっているから。ねこは記憶力がいいので、怖い思いをしたことは忘れません。キャリーバッグと怖い思い出が結び付く前に、キャリーバッグ＝安心な場所と思ってもらえるようにしたいですね。

16 くらし

□□□□□□で病気&ゲロ予防

答え合わせ

ブラッシング

ゲロ予防といえば？　え？　拾い食い禁止⁉
まぁ、一理あるけども、禁止されたところでやめられません。正解はブラッシングでした。

ブラッシングは、ぜひ毎日行いたいねこのお手入れのひとつ。ブラシでとかして、抜け毛や汚れをとり除くことは、病気になったり毛玉を吐き出すことを予防するほか、マッサージ効果も期待できます。また、スキンシップで飼い主さんの手に慣れてもらうというメリットも。

ねこどうしのグルーミングには及ばないかもしれませんが、日々のブラッシングで、ねことの絆を深めたいものです。ただ、苦手な子も多いので無理強いはせず、じわりじわりと少しずつ慣らしていきましょう。

補習授業
もっと知りたい

被毛のケア

ブラッシングって諸刃の剣。上手にしてもらえれば、気持ちいいし毛玉吐かずに済むしでいいことだらけですが、痛いと苦行でしかないんですよ。

テーマ 》 上手なブラッシングのコツは？

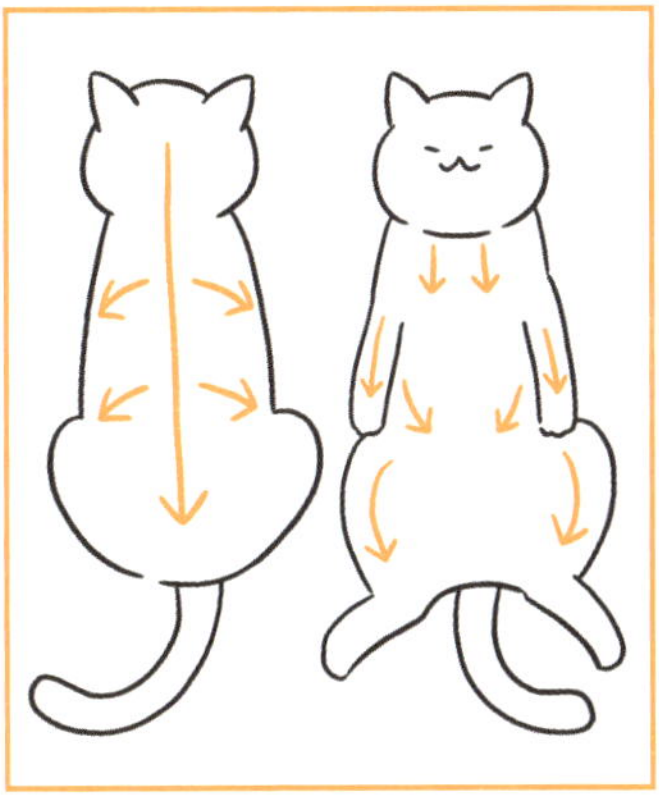

コツ1

〚毛の流れに沿って〛

毛の流れに逆らうと余計な力がかかり、毛が引っ張られてしまいます。ねこは、痛い思いをしたり、不快な感じを覚えたりするはず。ブラッシングは毛の流れにそって、やさしくなでるように行いましょう。

コツ2

〚少しずつとかす〛

毛が絡まっている部分を強く引っ張ってしまわないよう、とかすときは少しずつブラシを進めます。絡まっている部分を見つけたら、毛の根本を指でつまんで、皮膚が引っ張られないようにして絡んだ部分をほぐして。

ブラシの使い分け

短毛種には短い毛をきれいにとってくれるラバーブラシがおすすめ。長毛種や、全体をとかす場合はピンが長いスリッカー、毛が密集しているところはコームを使って細かくといていくといいでしょう。

まとめ　ねこが痛い思いをしないよう、毛の長さに合ったブラシで、少しずつていねいにブラッシングしましょう。

17 くらし

いたずらには叱るより□□□□が大事

答え合わせ

予防

体罰とか無視とか、そんな悲しいことはいわないでくださいね。愛情？　ステキ！　でも愛情でいたずらは無くなりません。大事なのは予防。

物をおとしたり、ティッシュを散らかしてみたり、バッグで爪とぎしてみたり。飼い主さんが困るねこのいたずらは、ねこにとってはすべて本能による行動。**叱ったところで抑えられるものではありません。**

となると、人がねこのいたずらに立ち向かう術はただひとつ、**いたずらできない環境をつくること**。大切なものや散らかしてほしくないものは、ねこの手の届かない場所にしまうしかありません。こうして、ねこのおかげで部屋はスッキリ片付くことに。ありがとう！

TANOSHIMU

にゃんことたのしむ

NYANKO DRILL

5時間目

ここまでくれば、ねこマスターまで、あとちょっと息！
最後に6問を解いて、
ねこと相思相愛になりましょう。

飼い主さんと仲よし

よし、みんな！
今日は飼い主さんとの仲よしぶりを発表してくれ！
僕はねー、
毎日おもちゃ遊びしてまーす！
おう、先生も大好きだ！
やりすぎて、ちょっと怒られる！
ハッハッハッ

アタチは、なでなでしてもらうのが幸せタイムでしゅ
あたしもー。でも、調子に乗ってだっこしようとしたら、叱ってやるわ
僕は、ごはんをもらうときが幸せ……♡
ルル君も、だいぶ飼い主さんと仲よしになれたようですね
フフフ…

コミュニケーション力は□□□□時代に決定

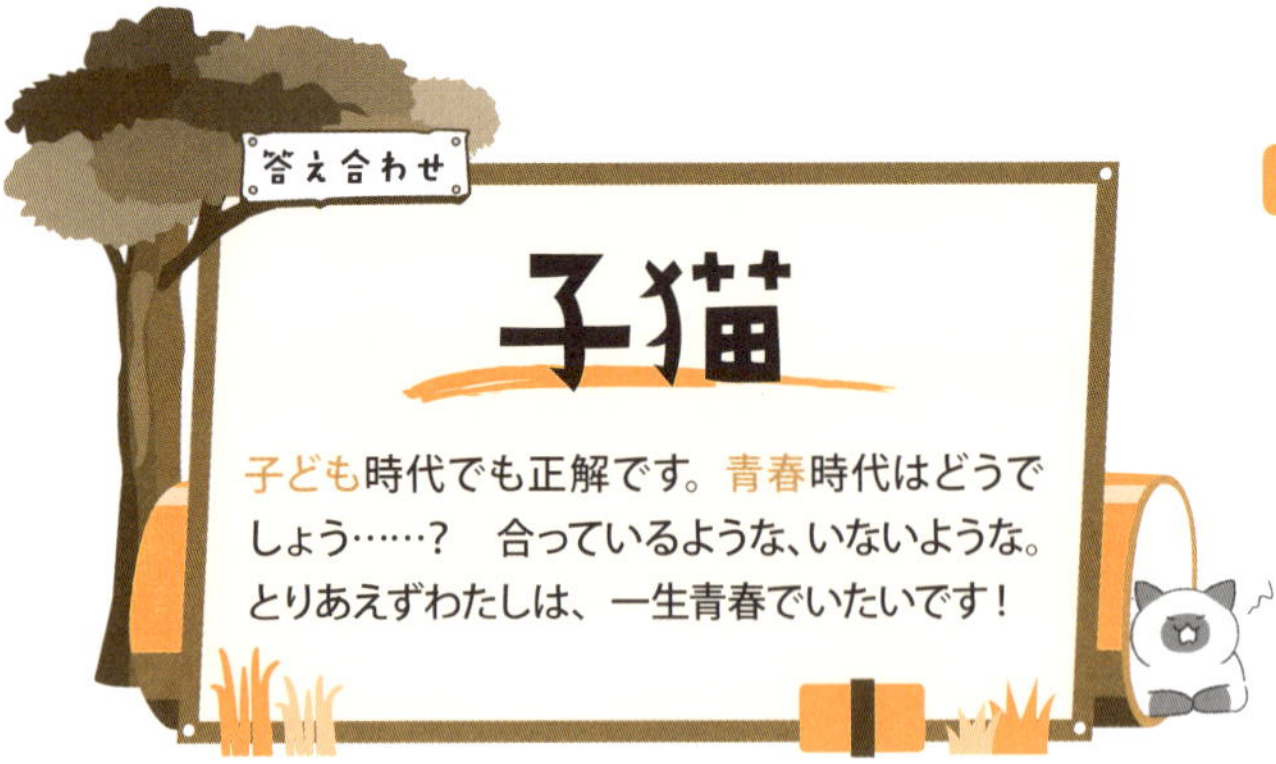
答え合わせ
子猫
子ども時代でも正解です。青春時代はどうでしょう……？　合っているような、いないような。とりあえずわたしは、一生青春でいたいです！

ねこの性格は、生後3週間目あたりから12週くらいまでの社会化期に、どんな刺激を受けたかによってだいたい決まってしまいます。

社会化期は恐怖心より好奇心が強いため、人にも怖がらず接しますが、この時期に飼い主さんとだけ接していると、将来、「幻」のねこになる可能性大。

人好き、スキンシップ好きのねこでいてほしいなら、社会化期にいろいろな人に会わせたり、スキンシップに慣らしたりして、「人ってステキ♡」とインプットしてもらいましょう。

肉球のお触りは□□□□に

答え合わせ

ほどほど

誰ですか⁉　存分になんて答えた方は！　ねこの気持ちがわかっていませんね。内密に？　いったい誰に秘密にする必要が……？

見てよし、触ってよし、においもよし、ねこ好きにはたまらない愛すべきパーツ、肉球ですが、触りすぎはねこにとって少々迷惑のようです。

　肉球は、ねこの体の中で毛に包まれていない数少ない場所だけに、とても敏感。自分でペロペロなめることはありますが、ほかのねことなめ合うことはしない場所です。

　触りすぎてねこに嫌がられると、まったく触らせてくれなくなることも。**肉球にしっとり汗がにじんできたら「やめて」のサイン。**お触りはほどほどに。

なでてほしいのは□が届かない場所

答え合わせ

舌

「ねこの手も借りたい」って人はいうけれど、
ねこだって人の手を借りたいときがあるんです。
舌で毛づくろいできない場所は、かいて！

ねこは自分の舌で体中を毛づくろいしますが、柔軟な体をもってしても届かない場所があります。それは顔や背中。しかも顔まわりは臭腺が多く、むず痒い場所。足を使ったり、家具の角にこすりつけたり、かきかきしたくて日々苦戦している場所なのです。

さあ、そんなときこそ飼い主さんの出番。「ほぅら、ここに孫の手があるよ～」とばかりに舌が届かない場所をゆっくりかきかきしてあげましょう。あなたの手に、ねこもゴロゴロが止まらないはず。

にゃんこドリル

応用問題 ▸▸▸（科目）なでてほしいところ

問 次のうち、ねこがなでられて「気持ちいい〜」部分に○をつけよ

○ **耳の後ろ**
やさしくかきかき、よろしく頼む!

○ **ひたい**
デリケートな部分だけど、やさしく触られるとうっとり。

○ **首筋**
自分では届きにくいところだから、強めのかきかきが気持ちいいゾ!

○ **背中〜おしり**
毛流れに沿って、やさしくなでてくれると安心するニャ。

○ **あごの下**
自分ではていねいにかきかきできない部分だから、ぜひ頼む♡

○ **脚のつけ根**
凝りやすい場所だから、マッサージしてくれ!

△ **お腹**
急所だから触らないでくれ。でも信頼している人なら許すゾ。

× **脚先**
脚先も敏感なので、あまり触らないでほしいのだが……。

× **しっぽ**
敏感な場所だから放っておいてくれ〜。

でも□□□なでるとキレる

答え合わせ

長時間

飼い主さんたちはなですぎの傾向があります。ここは長時間、長い間という答えを強調したいですね。もちろん強くなでられてもキレますが。

さっきまでゴロゴロいっていたのに、突然の「シャーッ」。その変わり身の早さについていけない飼い主さんも多いのでは？

飼い主さんのナデナデをどれくらい許容するかは、ねこによってまちまち。子猫気分の強いねこはたくさんなでても大丈夫かもしれませんが、2〜3回で満足し、「もういいの！　シャーッ」となるねこも。でもねこをよく見ていると、キレる前にヒゲをピクピクさせたり、しっぽをパタパタと振ったり、イライラサインを出していることが多いもの。よく見極めましょう。

5 たのしむ

好きな遊びでもすぐ□□□

答え合わせ

飽きる

止める、終了でもOKです。わたしたち、スロースターターなうえに気分屋なもので。あいすみません。

室内飼いのねこにとって、飼い主さんとの遊びは貴重な運動タイム。ぜひいっぱい遊んであげたいものです。

でも、ねこはスロースターターなうえに、持久力もありません。じゃらし棒をじっくり狙い、2〜3回ハンティングにチャレンジしたら、「ふぅ、楽しかった」と満足して遊びを止めてしまうことも。でもこれがふつう。1回の遊ぶ時間は短くてもいいのです。その代わり、回数を増やすといいでしょう。また、遊びにもねこの好みがあります。いろいろな遊びを試してみましょう。

ねこはだっこが□□、でも相手による

答え合わせ

苦手

ねこによってはだっこが好きな子もいるでしょう。でも、一般的には苦手な子が多いので、苦手を正解とします。

「信頼している飼い主さんでも、だっこはちょっと……」というねこは少なくありません。でも、それは仕方のないこと。どんなにかわいがっても、ねこは人とは違う、野性味を残した動物です。ねこにとってはだっこは羽交い絞めと一緒。身動きを奪われると、本能的に身の危険を感じてしまうのです。タバコのにおいなどに反応して、特定の人をイヤがる場合もあります。

とはいえ、お手入れや病気の際にだっこができないのは困ります。1分くらいはだっこできるように慣らしたいものですね。

にゃんこ4コマ くらし編

1 甘え方いろいろ

2 お気に入り

にゃんこの健康管理手帳

ご長寿にゃんこ♪を目指すためのポイント

- POINT 1 毎日の健康チェック
- POINT 2 病院に慣れておこう
- POINT 3 異変を感じたら動物病院へ
- POINT 4 太りすぎに注意

日ごろから、わたしたちの様子を見ていてほしいニャン

POINT 1 毎日の健康チェック

飼い主の勘を研ぎ澄まし病気の早期発見を

普段まったりと過ごすねこ。体調が悪いときは……やっぱりじっとしています。そう、ねこは一見しただけでは体調のよし悪しがわかりづらく、病気の発見が遅れがち。でも、態度には出ずとも体からのサインは出るもの。左ページを参考に、毎日見て、触って、ねこの状態をチェックしましょう。些細な異変に気付けるのは飼い主さんだけなのですから。

ねこの健康チェックポイント

✔がついた項目がある場合、体調を崩している可能性が。
動物病院へつれていきましょう。

耳

□ においがある
□ よく、かゆがっている
□ 汚れている

目

□ 白く濁っている
□ 瞬きを頻繁にする
□ 目やにがひどく出る
□ 常に涙が出ている

皮膚・被毛

□ 脱毛や傷がある
□ よく、かゆがっている
□ フケがある

鼻

□ 鼻血が出る
□ 鼻水が出る
□ よく、くしゃみをする
□ 起きているときに、鼻が乾いている

口

□ よだれが出ている
□ 唇が腫れている
□ 口臭がひどい
□ ニキビがある

お腹

□ しこりがある
□ 呼吸が早い
□ ふくらんでいる

おしり

□ 汚れている
□ ただれている

行動のチェックポイント

食欲

□ 食欲がない
□ 水をよく飲む

排泄物

□ 下痢や血尿をする
□ 便秘
□ 頻尿

体重チェックは定期的に

体重は健康のバロメーター。急に増えたり、逆に減ったりするときは要注意です。健康な成猫なら月に一度、高齢や持病のある場合は週に一度はチェックを。

病院に慣れておこう

POINT 2

元気なうちから病院探し

動物病院とのお付き合いは不可欠。病気になってから探したのでは、納得のいく病院が見つかるとは限りません。飼うと決めたらすぐ動物病院探しを。かかりつけ医のほか、緊急時に駆け込めるよう、数か所把握しておきましょう。

治療以外にも対応してくれる

ケガや病気の治療、予防接種以外にも、健康診断や爪切りなどのケアをしてくれる動物病院も多くあります。病気予防や動物病院に慣れるためにも、元気なうちから定期的に動物病院を利用するといいでしょう。

病院へ連れていくときの注意点

飼い猫にとって家の外はなわばり外。緊張と恐怖からパニックになり逃げだすこともあるので注意しましょう。おすすめは洗濯ネットに入れること。脱走防止になるだけでなく、ねこも包まれることで安心するようです。

病院で対応してもらえること

- 健康診断
- ワクチン接種
- 避妊・去勢
- 爪切り、毛玉カットなどのケア

……etc.

※病院によって対応してくれないこともあります

POINT 3

異変を感じたら動物病院へ

以下のような行動を繰り返すのは病気のサイン。早めに動物病院へ。

体をしきりにかく

特定の場所を後ろ脚でかいたり、歯でかんだりするときは、皮膚トラブルが疑われます。皮膚に異常がない場合は、体の内部に違和感があるのかも。

考えられる病気　**ノミアレルギー性皮膚炎、疥癬症、外耳炎、ノミ**など

目をこする、細める

目をこすったり、まぶしそうに細める場合は、目にかゆみや痛みがあるはず。同居のねこがいる場合は、ケンカで目を傷つけられることも多いので注意。

考えられる病気　**結膜炎、角膜炎、白内障、緑内障、眼瞼内反症**など

吐くしぐさ

吐くしぐさを繰り返すものの嘔吐しない場合は、吐きたいものがつまっている可能性が。腸閉塞を起こす場合もあるのですぐ動物病院へ。

考えられる病気　**誤飲、毛球症、食道炎**など

吐く

一度吐いてスッキリしているようなら問題ありませんが、1日に何度も吐く、毎日のように吐く、吐いたあとぐったりしている場合は受診を。

考えられる病気　**胃腸炎、腸閉塞、腸重積、巨大食道症、尿毒症、糖尿病**など

咳が出る

異物を吸い込んだときや興奮してむせ込み、咳をすることがあります。数回で収まるなら心配いりませんが、毎日続く場合は病気の可能性も。

考えられる病気　**猫風邪、喘息、トキソプラズマ症、心筋症、リンパ腫、毛球症**など

トイレに行っても何も出ない

オシッコが出ていない場合は急いで動物病院へ。毒素が排出されず短時間で命の危機を招くことも。尿道が細くつまりやすいオスは日ごろから注意を。

考えられる病気　**下部尿路疾患、膀胱炎、尿毒症、前立腺肥大**など

体の一部分ばかりなめる

ねこは痛い所をなめる習性があるので、なめている場所に疾患がある可能性が。また、気持ちを落ち着かせるための過剰グルーミングの可能性も。

考えられる病気　**アレルギー性皮膚炎、膀胱炎、関節炎、ストレス**など

頭を振る、傾ける

頭だけを執拗にふったり、傾けたりしているときは、耳の病気が疑われます。耳をかゆがる、触られるのを嫌がらない場合も要注意。

考えられる病気　**耳ダニ症、外耳炎、中耳炎、内耳炎、前庭疾患**など

口で息をする

ねこは基本的に鼻呼吸。口呼吸は体に異常があるサインです。鼻が詰まっている以外にも、肺や心臓の病気のことも。早急に受診しましょう。

考えられる病気　**熱中症、喘息、猫風邪、肺水腫、肺炎**など

食欲が異常にある

妊娠中、または避妊・去勢手術をしたあとは食欲が増進しますが、そのような理由がなく異常に食欲が増えた場合は病気を疑いましょう。

考えられる病気　**クッシング症候群、甲状腺機能亢進症、糖尿病、認知症**など

水を大量に飲む

ねこは体内で水を効率よく利用できる反面、腎臓に負担がかかるもの。水を多量に飲みオシッコも多い場合は腎機能の衰えが原因かも。

考えられる病気　**腎不全、糖尿病、子宮蓄膿症、甲状腺機能亢進症**など

クシャミをする

生理現象のこともありますが、クシャミが連続して止まらない場合や鼻水、鼻血などほかの症状が伴う場合は病気のサインです。

考えられる病気　**猫風邪、アレルギー性鼻炎、肺炎**など

太りすぎに注意

POINT 4

肥満は万病のもと

肥満が病気のもととなるのは、ねこも人も同じです。糖尿病や脂肪肝、心臓病、尿結石などのほか、グルーミング不足による皮膚疾患、骨や関節に負担がかかり関節炎などを招くことも。1年で1kg以上増えた場合は注意しましょう。

肥満の目安

肥満	太り気味	理想体型
腰にくびれがまったくなく、ふくらんでいる	腰にほぼくびれがない	腰のくびれがわかる
・肋骨が脂肪で確認できない ・多くの脂肪がつき、お腹が垂れ下がっている	・肋骨の位置が触れてもなかなか確認できない ・脂肪がつき、お腹がやや垂れ下がっている	・触れると、肋骨の位置がわかる ・脂肪は少なく、お腹のラインが平行か上向き

肥満予防のために

運動させる	刺激が少ないと運動量が減りがち。ねこが上下運動できるよう部屋を工夫したり、一緒に遊ぶ時間を増やすと○。
餌を量る	自己流の食事制限は必要な栄養が損なわれる危険が。食事制限するときは獣医師に相談し、適正量を正確にあたえて。
食事時間を決める	次にいつ食べられるかわからない状態だと、必要以上に食べようとします。時間を決め安心させましょう。

にゃんこの夜間学校フォーエバー

今泉忠明
（いまいずみ ただあき）

哺乳動物学者。「ねこの博物館」館長。東京水産大学（現・東京東洋大学）卒業。国立科学博物館ではほ乳類の分類・生態を学び、恩賜上野動物園の動物解説員などを経て、現在は奥多摩や富士山の自然調査に取り組む。著書に『飼い猫のひみつ』（イースト・プレス）、監修書に『おもしろい！進化のふしぎ ざんねんないきもの事典』（高橋書店）、『ねこの事典』（成美堂出版）など。

にゃんとまた旅（ねこまき）

名古屋を拠点に活躍するイラストレーター。犬猫のゆるキャラ漫画、コミックエッセイなどを幅広く手がける。著書に『ねことじいちゃん』（KADOKAWA）、『まめねこ』シリーズ（さくら舎）など。2019年２月に『ねことじいちゃん』が岩合光昭監督で実写映画化。

公式サイト
http://www.ms-work.net/

ブログ
http://ameblo.jp/nekomaki

STAFF

イラスト・マンガ　にゃんとまた旅（ねこまき）
カバー・本文デザイン　片渕涼太（H.PP.G）
DTP　長谷川慎一（有限会社ゼスト）
執筆協力　高島直子
編集担当　株式会社スリーシーズン（永渕美加子）

にゃんこドリル

2019年６月15日　初版発行

監修者　今泉忠明
発行者　富永靖弘
印刷所　株式会社高山

発行所　東京都台東区 台東2丁目24　株式会社 新星出版社
〒110-0016 ☎03（3831）0743

ISBN978-4-405-10529-4